"十三五"职业教育国家规划教材

工业和信息化"十三五"高职高专人才培养规划教材

U0685952

C 语言程序设计

实例教程

慕课版 | 第 2 版

常中华 王春蕾 毛旭亭 陈静 编著

C Programming

人民邮电出版社

北 京

图书在版编目（CIP）数据

C语言程序设计实例教程：慕课版 / 常中华等编著
. -- 2版. -- 北京：人民邮电出版社，2020.9（2022.11重印）
工业和信息化"十三五"高职高专人才培养规划教材
ISBN 978-7-115-54515-2

Ⅰ. ①C… Ⅱ. ①常… Ⅲ. ①C语言－程序设计－高等
职业教育－教材 Ⅳ. ①TP312.8

中国版本图书馆CIP数据核字(2020)第131264号

内 容 提 要

本书通过实例的形式系统讲解 C 语言程序设计的相关知识和应用，内容包括初识 C 语言、C 语言基础、顺序结构、选择结构、循环结构、数组、函数、指针、结构体和共用体、文件以及综合项目实训。前 10 个单元内容包含问题引入、本单元学习任务、知识描述、实例分析与实现、知识拓展和同步练习。最后一个单元给出 3 个综合项目实训，每个实训项目给出需求分析、详细设计和程序实现。本书配备了全套慕课视频，生动形象地讲解了 C 语言的基础知识和应用方法，易学易用。

本书适合作为高职高专院校 C 语言程序设计课程的教材，也可供广大读者自学参考。

◆ 编　　著　常中华　王春蕾　毛旭亭　陈　静
责任编辑　桑　珊
责任印制　王　郁　马振武
◆ 人民邮电出版社出版发行　　北京市丰台区成寿寺路 11 号
邮编　100164　电子邮件　315@ptpress.com.cn
网址　https://www.ptpress.com.cn
保定市中画美凯印刷有限公司印刷
◆ 开本：787×1092　1/16
印张：14.75　　　　　2020 年 9 月第 2 版
字数：443 千字　　　2022 年 11 月河北第 13 次印刷

定价：49.80 元

读者服务热线：(010)81055256　印装质量热线：(010)81055316
反盗版热线：(010)81055315
广告经营许可证：京东市监广登字 20170147 号

第2版前言

从许多方面来讲，C 语言是学习程序设计的基础语言。首先，C 语言较简洁，用户无须学习大量的语法，就能够开始编写真正的应用程序。其次，C 语言的功能很强大，利用它能够进行各种层次的程序设计，无论是硬件设备驱动程序、操作系统组件还是大规模的应用程序。最后，C 语言的兼容性较好，任何计算机都支持 C 语言编译器，它可以在任何环境下运行。综上所述，C 语言是学习其他编程语言的基础，掌握了 C 语言，就为理解和学习面向对象的 C++、C#、Java 等语言奠定了良好的基础。

目前，讲授 C 语言程序设计的教材有很多，内容和结构不尽相同，但真正适合高职高专学生学习、集理论和实践于一体、提供丰富信息化教学资源的教材还比较少。本书力求由浅入深、循序渐进地讲解 C 语言语法基础和程序开发方法，突出简单易学、内容全面、实例经典的特色，并且制作了全套的慕课资源。书中最后还配有综合实训案例，从需求分析到功能设计再到最后的程序编码，引导学生学会如何设计一个完整的解决方案。

本书的特点如下。

1. 循序渐进，简单易学

本书以初学者为对象，从讲解 C 语言的背景和开发环境开始，先介绍 C 语言的基础知识，再介绍 C 语言编程的高级内容，最后介绍如何开发一个完整项目。讲解步骤详尽，让学生能够快速掌握书中的内容。

2. 学练结合，注释详尽

本书在讲解知识时，提供了丰富的实例，帮助学生随学随练，真正能够学有所用。另外，为了方便学生更好地学习和使用本书，书中所有的代码都提供了详尽的注释。

3. 上机实践，巩固知识

要充分理解和掌握一门语言，最佳的方式就是多练习、多实践。本书在重点知识点介绍之后，会提供"练一练"上机实践供学生自己完成，以此来检验学生对本单元知识点的掌握情况。实例任务分为"分析""流程图"和"代码"3 部分，给出了实现实例的设计思路。

4. 资源全面，泛在学习

本书所有知识点都制作了慕课资源，学生使用手机扫描二维码，即可呈现教学内容，适合学生泛在学习、移动学习。教师也可利用这些资源实现信息化教学，实施混合式教学。教学资源讲解详细、层次清楚、互动性强，在加深对内容理解的同时，切实解决"是什么""为什么""怎么办""应注意些什么"等内容。

本书第 2 版在第 1 版的基础上全面更新了单元 2、单元 11 的内容，增加了更丰富的案例，并对全书内容重新审读完善，重新录制了慕课视频。读者可登录人邮学院网站（www.rymooc.com）或扫描封底的二维码，使用手机号码完成注册，在首页右上角单击"学习卡"选项，输入封底刮刮卡中的激活码，即可在线观看新版慕课视频；也可以使用手机扫描书中二维码观看视频。

本书单元 1、单元 10 和单元 11 由常中华老师编写；单元 4、单元 7 和单元 9 由王春蕾老师编写；

单元 2、单元 5 和单元 8 由毛旭亭老师编写；单元 3 和单元 6 由陈静老师编写；常中华、王春蕾老师负责统稿。本书在编写过程中还得到了徐占鹏、朱卫斌、苗彩霞、匡万利等老师的大力帮助，在此一并表示感谢。

由于编者水平有限，书中难免存在疏漏之处，请读者批评指正。

编者

2020 年春

目录 CONTENTS

单元 1

初识 C 语言 ·············· 1
问题引入 ·············· 1
本单元学习任务 ·············· 1
知识描述 ·············· 1
1.1 C 语言概述 ·············· 1
1.1.1 什么是 C 语言 ·············· 1
1.1.2 为什么学习 C 语言 ·············· 3
1.2 C 语言的结构 ·············· 4
1.2.1 C 程序及其结构 ·············· 4
1.2.2 如何开发 C 程序 ·············· 6
实例分析与实现 ·············· 6
知识拓展 初学者最常问的几个问题 ···· 7
同步练习 ·············· 8

单元 2

C 语言基础 ·············· 9
问题引入 ·············· 9
本单元学习任务 ·············· 9
知识描述 ·············· 9
2.1 数据类型 ·············· 9
2.1.1 进制与进制转换 ·············· 10
2.1.2 整数类型 ·············· 13
2.1.3 实数类型 ·············· 14
2.1.4 字符类型 ·············· 14
2.2 常量与变量 ·············· 15
2.2.1 常量 ·············· 15
2.2.2 变量 ·············· 18
2.3 运算符与表达式 ·············· 22
2.3.1 算术运算符和算术表达式 ······· 22
2.3.2 赋值运算符和赋值表达式 ······ 24

2.3.3 位运算 ·············· 25
2.3.4 数据类型转换 ·············· 28
2.3.5 几个特殊的运算符 ·············· 30
实例分析与实现 ·············· 32
知识拓展 人工智能 ·············· 33
同步练习 ·············· 34

单元 3

顺序结构 ·············· 37
问题引入 ·············· 37
本单元学习任务 ·············· 37
知识描述 ·············· 38
3.1 算法与结构化程序设计 ·············· 38
3.1.1 什么是算法 ·············· 38
3.1.2 算法与流程图 ·············· 39
3.1.3 结构化程序设计及原则 ·············· 40
3.2 C 语言语句 ·············· 41
3.3 字符输入与输出 ·············· 43
3.3.1 字符输入函数 ·············· 43
3.3.2 字符输出函数 ·············· 44
3.4 格式化输入与输出 ·············· 44
3.4.1 格式化输入函数 ·············· 45
3.4.2 格式化输出函数 ·············· 49
实例分析与实现 ·············· 53
知识拓展 C 程序代码编写规范 ·············· 54
同步练习 ·············· 55

单元 4

选择结构 ·············· 59
问题引入 ·············· 59
本单元学习任务 ·············· 59
知识描述 ·············· 59

4.1　条件判断表达式 ·············59
　　4.1.1　关系运算符和关系表达式 ········ 59
　　4.1.2　逻辑运算符和逻辑表达式 ······· 60
4.2　if 选择语句 ················62
　　4.2.1　单分支 if 语句 ················ 62
　　4.2.2　多分支 if 语句 ················ 64
　　4.2.3　条件运算符 ················· 69
4.3　switch 语句 ················69
实例分析与实现 ················73
知识拓展　程序中的语法错误和逻辑
　　　　　错误调试 ·············74
同步练习 ····················75

单元 5

循环结构 ···················· 78
问题引入 ····················78
本单元学习任务 ················78
知识描述 ····················78
5.1　while 语句 ·················78
5.2　do-while 语句 ··············81
5.3　for 语句 ··················84
5.4　嵌套的循环 ················86
　　5.4.1　循环嵌套的方法 ·············· 87
　　5.4.2　break 语句和 continue 语句 ···· 91
实例分析与实现 ················92
知识拓展　算法的时间复杂度 ·······94
同步练习 ····················95

单元 6

数组 ······················ 98
问题引入 ····················98
本单元学习任务 ················98
知识描述 ····················98
6.1　一维数组 ·················98
　　6.1.1　一维数组的定义 ·············· 99
　　6.1.2　一维数组的初始化 ············ 99

　　6.1.3　一维数组元素的引用 ··········100
6.2　二维数组 ················ 104
　　6.2.1　二维数组的定义 ············104
　　6.2.2　二维数组的初始化 ··········105
　　6.2.3　二维数组元素的引用 ········106
6.3　字符数组和字符串 ·········· 108
　　6.3.1　字符数组 ················108
　　6.3.2　字符串及其处理函数 ········110
实例分析与实现 ·············· 116
知识拓展　算法的空间复杂度 ······· 117
同步练习 ·················· 118

单元 7

函数 ····················· 122
问题引入 ·················· 122
本单元学习任务 ··············· 122
知识描述 ·················· 122
7.1　函数的定义 ·············· 122
7.2　函数的调用 ·············· 124
　　7.2.1　函数调用的形式 ············124
　　7.2.2　参数的传递方式 ············126
　　7.2.3　函数的返回值 ············128
　　7.2.4　函数的参数类型 ············129
7.3　函数的嵌套调用 ··········· 131
7.4　函数的递归调用 ··········· 133
7.5　函数的声明 ·············· 135
7.6　变量的作用域和存储类别 ······ 136
　　7.6.1　变量的作用域 ············136
　　7.6.2　变量的存储类别 ············137
实例分析与实现 ·············· 139
知识拓展　模块化程序设计 ········ 140
同步练习 ·················· 141

单元 8

指针 ····················· 145
问题引入 ··················· 145

本单元学习任务 ·············· 145
知识描述 ·············· 145
8.1　地址和指针 ·············· 145
8.2　指针变量 ·············· 146
8.3　指向数组的指针 ·············· 148
　　8.3.1　指向一维数组的指针 ············· 149
　　8.3.2　指向字符串的指针 ············· 152
　　8.3.3　指向二维数组的指针 ············· 154
8.4　用指针变量作为函数参数 ············· 158
8.5　返回指针值的函数 ············· 159
实例分析与实现 ············· 160
知识拓展　main 函数的形式
　　　　参数 ············· 161
同步练习 ············· 163

单元 9

结构体和共用体 ············ 167
问题引入 ·············· 167
本单元学习任务 ·············· 167
知识描述 ·············· 167
9.1　结构体类型 ·············· 167
　　9.1.1　结构体类型的定义 ············· 167
　　9.1.2　结构体变量的定义 ············· 168
　　9.1.3　结构体变量的初始化 ············· 170
　　9.1.4　结构体变量的引用 ············· 170
9.2　结构体数组 ·············· 173
9.3　结构体指针 ·············· 174
9.4　结构体与函数 ·············· 176
9.5　链表 ·············· 177
　　9.5.1　链表的概念 ············· 177
　　9.5.2　链表的实现 ············· 178
　　9.5.3　链表的操作 ············· 179
9.6　共用体类型 ·············· 181
　　9.6.1　共用体类型的定义 ············· 181
　　9.6.2　共用体变量的定义 ············· 181
　　9.6.3　共用体变量的初始化和引用 ··· 182
实例分析与实现 ·············· 183

知识拓展　数据库技术 ·············· 184
同步练习 ·············· 185

单元 10

文件 ······················ 189
问题引入 ·············· 189
本单元学习任务 ·············· 189
知识描述 ·············· 189
10.1　文件概述 ·············· 189
　　10.1.1　文件的分类 ············· 189
　　10.1.2　文件指针 ············· 190
10.2　文件的打开和关闭 ············· 190
10.3　文件的读写 ············· 192
　　10.3.1　字符读写函数 ············· 192
　　10.3.2　字符串读写函数 ············· 195
　　10.3.3　数据块读写函数 ············· 197
　　10.3.4　格式化读写函数 ············· 198
10.4　文件的定位 ············· 199
实例分析与实现 ············· 200
知识拓展　云计算与大数据 ············· 202
同步练习 ············· 203

单元 11

综合项目实训 ··············· 205
问题引入 ·············· 205
本单元学习任务 ·············· 205
11.1　猜拳游戏 ·············· 205
　　11.1.1　项目需求分析 ············· 205
　　11.1.2　项目详细设计 ············· 206
　　11.1.3　项目程序实现 ············· 209
11.2　数字珠玑妙算 ·············· 211
　　11.2.1　项目需求分析 ············· 212
　　11.2.2　项目详细设计 ············· 213
　　11.2.3　项目程序实现 ············· 214
11.3　模拟七段数码管动态显示日期
　　　和时间 ·············· 216

11.3.1　项目需求分析⋯⋯⋯⋯⋯216
11.3.2　项目详细设计⋯⋯⋯⋯⋯216
11.3.3　项目程序实现⋯⋯⋯⋯⋯218

附录 A

常用字符与标准 ASCII
编码表 ⋯⋯⋯⋯⋯⋯⋯⋯ 222

附录 B

运算符的优先级和
结合性 ⋯⋯⋯⋯⋯⋯⋯⋯ 223

附录 C

常用标准库函数 ⋯⋯⋯⋯⋯ 225

单元1
初识C语言

01

问题引入

有人说"90后"是"数字原住民"，在互联网环境中长大，生活和工作中已经离不开计算机、手机、网络等，但这些设备是如何工作的？人们又是如何获取信息的呢？大家一定想知道其中的奥秘吧！其实，完成任何事情都有相应的程序，所有的计算机、智能终端、网络等都不例外。程序实际上是一个非常普通的概念：按照一定顺序安排的工作步骤。程序需要用某种形式（语言）来描述。例如，用算盘进行计算时，程序是用口诀来描述的，珠算的语言是口诀。现代计算机的程序则是用计算机程序设计语言来描述的。C语言是较流行的程序设计语言之一，也是较优秀的编程语言之一。

请思考并回答以下两个问题。

问题1：列出最常用的3个计算机或手机的程序。

问题2：如何从网上购买一件商品？写出网上购物的基本流程。

本单元学习任务

从宏观上，要对计算机语言、C程序有个全面的了解。本单元学习任务如下。

1. 了解C语言的发展过程，以及计算机语言的分类：机器语言、汇编语言和高级语言。
2. 掌握C程序的结构、Dev C++编译环境，以及C程序的编译、运行过程。

知识描述

1.1　C 语言概述

1.1.1　什么是 C 语言

在回答什么是 C 语言之前，我们先要了解一下什么是计算机编程语言。

人们日常交流所用语言有很多种，包括汉语、英语、法语、韩语等，虽然它们的词汇和格式都不一样，但是可以达到相同的目的。我们通过有固定格式和固定词汇的"语言"来与他人交流，让他人为我们做事情。同样，我们也可以通过"语言"来与计算机交流，让计算机为我们做事情，这样的语言叫作编程语言（Programming Language）。

1-1：什么是计算机语言

编程语言是用来控制计算机的一系列指令（Instruction），它有固定的格式和词汇（不同编程语言的格式和词汇不一样），必须遵守，否则就会出错，达不到工作的目的。

计算机编程语言的种类非常多，总地来说可以分成机器语言、汇编语言和高级语言三大类。

机器语言：机器语言是指一台计算机全部的指令集合。电子计算机所使用的是由"0"和"1"组成的二进制数。二进制是计算机语言的基础。计算机发明之初，人们写出一串串由"0"和"1"组成的指令序列，交由计算机执行，这种计算机能够识别的语言就是机器语言，即第一代计算机语言。

汇编语言：为了减轻使用机器语言编程的痛苦，人们做出了一种有益的改进，即用一些简洁的英文字母、符号串来替代一个特定指令的二进制串。比如，用"ADD"代表加法，用"MOV"代表数据传递等。这样一来，人们很容易读懂并理解程序在干什么，纠错及维护都变得简便、快捷。这种程序设计语言就称为汇编语言，即第二代计算机语言。

高级语言：计算机语言具有高级语言和低级语言之分。而高级语言又主要是相对于机器语言和汇编语言而言的，它是较接近自然语言和数学公式的编程语言，基本脱离了机器的硬件系统，用人们更易理解的方式编写程序。用高级语言编写的程序称之为源程序。

高级语言并不是特指的某一种具体的语言，而是包括很多编程语言，如流行的 Java、C、C++、C#、Python 等，这些语言的语法、命令格式都不相同。

1969—1973 年，美国电话电报公司（AT&T）贝尔实验室开始了 C 语言的最初研发，并于 1978 年正式发表。1983 年，美国国家标准协会（American National Standards Institute，ANSI）在此基础上制定了一个 C 语言标准，称之为 ANSI C。

根据 C 语言的发明者丹尼斯·里奇（Dennis Ritchie，见图 1.1）所说，C 语言最重要的研发时期是在 1972 年。C 语言之所以命名为 C，是因为 C 语言源自肯·汤普森（Ken Thompson）发明的 B 语言，而 B 语言则源自 BCPL 语言。

1-2：C 语言及发展

图 1.1 C 语言之父——丹尼斯·里奇（Dennis Ritchie）

C 语言的诞生是和 UNIX 操作系统的开发密不可分的。原先的 UNIX 操作系统都是用汇编语言写的。1973 年，UNIX 操作系统的核心用 C 语言改写，从此以后，C 语言成为编写操作系统的主要语言。在 ANSI C 标准确立之后，C 语言的规范在很长一段时间内都没有大的变动。1995 年，WG14 小组对 C 语言进行了一些修改，这个版本成为后来 1999 年发布的 ISO/IEC 9899:1999 标准，通常被称为 C99。

C 语言是一种结构化语言。它层次清晰，便于按模块化方式组织程序，易于调试和维护，同时表现能力和处理能力极强。C 语言不仅具有丰富的运算符和数据类型，便于实现各类复杂的数据结构，还可以直接访问内存的物理地址，进行位（bit）一级的操作。由于 C 语言实现了对硬件的编程操作，因此 C 语言集高级语言和低级语言的功能于一体，既可用于系统软件的开发，也适合于应用软件的开发。此外，C 语言还具有效率高、可移植性强等特点，因此被广泛地移植到了各类型计算机上，从而形成了多种版本的 C 语言。

1.1.2 为什么学习 C 语言

C 语言除了能让你了解编程的相关概念，带你走进编程的大门，还能让你明白程序的运行原理。比如，计算机的各个部件是如何交互的，程序在内存中是一种怎样的状态，操作系统和用户程序之间有着怎样的关系。这些底层知识决定了你的发展高度，也决定了你的职业生涯。如果你希望成为出类拔萃的人才，这些知识就是不可或缺的。也只有学习了 C 语言，才能更好地了解它们。而且有了足够的基础，以后学习其他计算机语言，就会触类旁通。

1-3：为什么学习
C 语言

C 语言对现代编程语言有着巨大的影响，毫不夸张地说，C 语言是现代编程语言的开山鼻祖，它改变了编程世界，许多现代编程语言都借鉴了大量 C 语言的特性。在众多基于 C 的语言中，以下几种非常具有代表性。

C++：包括了所有 C 的特性，但增加了类和其他特性以支持面向对象编程。

Java：是在 C++基础上开发的，所以也继承了许多 C 的特性。

C#：是由 C++和 Java 发展起来的一种高级语言。

Perl：最初是一种简单的脚本语言，在发展过程中采用了 C 的许多特性。

有这么多新的计算机语言，我们为什么还要学习 C 语言呢？第一，学习 C 语言有助于我们更好地理解 C++、Java、C#及其他基于 C 的语言的特性。一开始就学习其他语言的程序员往往不能很好地掌握继承自 C 语言的基本特性。第二，目前仍有许多 C 程序，我们需要读懂并维护这些代码，况且有大量的现成代码可以利用，这就可以在已有程序的基础上，快速和高效地编写新的算法和函数。第三，C 语言仍然广泛应用于新软件开发，特别是在内存和处理能力受限的情况下以及需要使用 C 语言简单特性的地方。第四，C 语言在各种考试和算法描述上仍被广泛使用，如 C 语言版的数据结构。

我们之所以选择 C 语言作为计算机编程语言的入门语言，除了上述原因外，还因为 C 语言本身的特点也非常适合初学者。具体如下。

1. 语言简洁、紧凑，使用方便

C 语言一共只有 32 个关键字、9 种控制语句，程序书写形式自由，区分大小写。它把高级语言的基本结构和语句与低级语言的实用性结合起来。C 语言可以像汇编语言一样对位、字节和地址进行操作，而这三者是计算机最基本的工作单元。

2. 运算符丰富

C 语言的特性

C 语言的运算符包含的范围很广泛，共有 34 种运算符。C 语言把括号、赋值、强制类型转换等都作为运算符处理，从而使其运算类型更丰富，表达式类型更多样化。灵活使用各种运算符可以实现在其他高级语言中难以实现的运算。

3. 数据类型丰富

C 语言的数据类型有整型、实型、字符型、数组类型、指针类型、结构体类型、共用体类型等，能用来实现各种复杂数据结构的运算。C 语言中还引入了"指针"的概念，使程序效率更高。

4. 表达方式灵活

C 语言提供多种运算符和表达式值的方法，对问题的表达可通过多种途径获得，其程序设计更主动、灵活。它的语法限制不太严格，程序设计自由度大，如对整型数据与字符型数据及逻辑型数据可以通用等。

5. 允许直接访问物理地址，对硬件进行操作

由于 C 语言允许直接访问物理地址，可以直接对硬件进行操作，因此它既具有高级语言的功能，又具有低级语言的许多功能，能够像汇编语言一样对位（bit）、字节和地址进行操作，而这三者是计算机最基本的工作单元，可用来写系统软件。

6. 生成目标代码质量高，程序执行效率高

C 语言描述问题比汇编语言迅速，工作量小，可读性好，易于调试、修改和移植，而代码质量与汇编语言相当。C 语言代码一般只比汇编程序生成的目标代码效率低 10%～20%。

7. 可移植性好

C 语言在不同机器上的 C 编译程序，86%的代码是公共的，所以 C 语言的编译程序便于移植。在一个环境上用 C 语言编写的程序，不改动或稍加改动，就可移植到另一个完全不同的环境中运行。

8. 表达力强

C 语言有丰富的数据结构和运算符，包含了各种数据结构，如整型、数组类型、指针类型和联合类型等，用来实现各种数据结构的运算。C 语言具有强大的图形功能，支持多种显示器和驱动器，且计算功能、逻辑判断功能强大。

1.2 C 语言的结构

1.2.1 C 程序及其结构

1-4：C 程序及其结构

为了说明 C 语言源程序结构的特点，先看以下几个程序。这几个程序由易到难，表现了 C 语言源程序在组成结构上的特点。虽然有关内容还未介绍，但大家可从这些例子中了解一个 C 源程序的基本部分和书写格式。

【例 1.1】

```
#include<stdio.h>              //预处理语句，文件包含命令
 int main()                    //主函数
 {
     printf("同学们，大家好! \n"); //输出函数
     return 0;                 //返回值
 }
```

程序运行结果如图 1.2 所示。代码中 main 是主函数的函数名，表示这是一个主函数，每一个 C 源程序都必须有，且只能有一个主函数（main 函数）。函数调用函数 printf()的功能是把要输出的内容送到显示器去显示。printf()函数是一个由系统定义的标准函数，可在程序中直接调用。语句"return 0;"表示程序的正常结束。

同学们，大家好！

图 1.2　程序运行结果

【例 1.2】 从键盘输入一个实数 x，求 x 的正弦值。

```
#include<math.h>
#include<stdio.h>
int main()
{
   double x,s;                //定义 x、s 为双精度实型数据
   printf("input number:\n");
   scanf("%lf",&x);           //通过键盘输入 x 的值
   s=sin(x);                  //计算 x 的正弦值，赋给 s
   printf("sine of %lf is %lf\n",x,s);
   return 0;
 }
```

代码中 main 函数首先定义了两个实数变量，以被后面程序使用。然后显示提示信息，从键盘获得一个实数 x，求 x 的正弦并把它赋给变量 s。最后显示程序运算结果，main 函数结束。

在 main 函数之前的两行称为预处理命令。预处理命令还有其他几种，这里的 include 称为文件包含命令，其意义是把尖括号<>或引号""内指定的文件包含到本程序中来，成为本程序的一部分。被包含的文件通常是由系统提供的，其扩展名为.h，因此也称为头文件或首部文件。C 语言的头文件中包括了各个标准库函数的函数原型，因此，凡是在程序中调用一个库函数时，都必须包含该函数原型所在的头文件。在本例中，使用了 3 个库函数：输入函数 scanf()、正弦函数 sin()和输出函数 printf()。sin()函数是数学函数，其头文件为 math.h 文件，因此在程序的主函数前用 include 命令包含了 math.h。scanf()和 printf()是标准输入输出函数，其头文件为 stdio.h，因此在主函数前也用 include 命令包含了 stdio.h 文件。

C 语言的主函数体中又分为两部分，一部分为说明部分，另一部分为执行部分。说明是指变量的类型说明。

C 语言规定，源程序中所有用到的变量都必须先说明，后使用，否则将会出错。这一点是编译型高级程序设计语言的一个特点，与解释型的 BASIC 语言是不同的。说明部分是 C 源程序结构中很重要的组成部分。例题 1.1 中未使用任何变量，因此无说明部分。本例中使用了两个变量 x、s，用来表示输入的自变量和 sin()函数值。由于 sin()函数要求这两个量必须是双精度浮点型，因此，用类型说明符 double 来说明这两个变量。

说明部分后的 4 行为执行部分或称为执行语句部分，用以完成程序的功能。执行部分的第 1 行是输出语句，调用 printf()函数在显示器上输出提示字符串，请操作人员输入自变量 x 的值。第 2 行为输入语句，调用 scanf()函数，接受键盘上输入的数并存入变量 x 中。第 3 行是调用 sin()函数并把函数值送到变量 s 中。第 4 行是用 printf()函数输出变量 s 的值，即 x 的正弦值。最后，程序结束。

运行本程序时，首先在显示器屏幕上显示出提示串"input number:"，这是由执行部分的第 1 行完成的。用户在提示下从键盘上键入某一数，如 3.14，按回车键，在屏幕上会输出计算结果，如图 1.3 所示。

```
input number:
3.14
sine of 3.140000 is 0.001593
```

图 1.3 程序运行结果

小提示 程序中的注释信息是编程规范的重要内容，对理解和阅读程序有很大帮助。注释信息可以放在程序的任何位置，不参与编译，不影响程序的运行。在 C 语言中加注释有以下两种方法。

（1）块注释。用符号"/*"和"*/"标出注释的开始和结束，在符号"/*"和"*/"之间的任何内容都将被编译程序当作注释来处理。这种方法是在程序中加入注释的最好方法。例如，可以在程序中加入下述注释：

/*以下程序通过文件操作，
实现学生数据的录入、增加、
删除、修改、查询和打印等功能。*/

（2）行注释。用符号"//"标出注释行，从符号"//"到当前行末尾之间的任何内容都将被编译程序当作注释来处理。当然，行注释也可以用"/*"和"*/"符号。如：

//计算 x 的正弦值，赋给 s

也可以注释为：

/*计算 x 的正弦值，赋给 s*/

1.2.2 如何开发 C 程序

1. C 程序开发步骤

（1）编辑。可以用任何一种编辑软件将在纸上编写好的 C 程序输入计算机，并将 C 语言源程序文件*.c 以纯文本文件形式保存在计算机的磁盘上（不能设置字体、字号等）。

（2）编译。编译过程使用 C 语言编译程序将编辑好的源程序文件"*.c"翻译成二进制目标代码文件"*.obj"。编译程序对源程序逐句检查语法错误，发现错误后不仅会显示错误的位置（行号），还会告知错误类型信息。我们需要再次回到编辑软件修改源程序的错误，然后再次进行编译，直至排除所有语法和语义错误。

（3）连接。程序编译后产生的目标文件是可重定位的程序模块，不能直接运行。连接是将编译生成的各个目标程序模块和系统或第三方提供的库函数"*.lib"连接在一起，生成可以脱离开发环境、直接在操作系统下运行的可执行文件"*.exe"。

（4）运行程序。如果经过测试，运行可执行文件达到预期设计目的，这个 C 程序的开发工作便到此完成了。如果运行出错，这说明程序处理的逻辑存在问题，需要再次回到编辑环境针对程序出现的逻辑错误进一步检查、修改源程序，重复"编辑→编译→连接→运行"的过程，直到取得预期结果为止。

2. 使用 Dev-C++编译运行 C 程序

Dev-C++是一个 Windows 环境下 C/C++的集成开发环境（IDE），如图 1.4 所示。它小巧轻量但是功能齐备，适合初学者与编程高手的不同需求，是学习 C 或 C++的首选开发工具。Dev-C++开发环境包含编辑、编译、调试和执行 C 程序所必须的标准功能。对于使用要求严格的 C++程序员，Dev-C++包含了多种可能的编程环境，允许程序员不需要多少手动操作就可以编写所有的源代码。

图 1.4 Dev-C++集成开发环境

实例分析与实现

1. 编程求某学生 3 年的学费和住宿费（学费 5000 元/年，住宿 500 元/年）之和。

分析：

（1）用 x 表示每年的学费，y 表示每年的住宿费，z 表示年数，sum 表示费用总额。

（2）$sum=(x+y) \times z$。

（3）输出 sum。

1-5：如何开发 C 程序

1-6：实例分析与实现

实现步骤：

（1）启动 Dev-C++编译环境，新建一个 C 源程序文件。

（2）在编辑窗口中输入、编辑如下程序。

```c
#include <stdio.h>
int main()
{
    int x,y,z,sum;
    x=5000;
    y=500;
    z=3;
    sum=(x+y)*z;
    printf("三年的学费和住宿费共计: %d 元",sum);
    return 0;
}
```

（3）编译该程序。

（4）了解和学习屏幕提示信息，查错、改错及简单调试程序的方法。

（5）运行该程序。

（6）查看程序运行结果。

（7）保存该程序运行文件。

（8）关闭 Dev-C++编译环境。

2．已知圆的半径为 3 厘米，求圆的周长和面积。

分析：

（1）用 r 表示圆的半径，l 表示圆的周长，s 表示圆的面积。

（2）$l=2×π×r$，$s=π×r×r$。

（3）输出 l、s。

程序实现：

```c
#include<stdio.h>
int main()
{
    float r=3.0,s,l;
    s=3.14*r*r;
    l=2*3.14*r;
    printf("l=%f,s=%f\n",l,s);
    return 0;
}
```

【想一想】

（1）用 Dev-C++编译环境运行 C 程序一般需要几步？

（2）C 程序的结构主要有几部分？

知识拓展 初学者最常问的几个问题

初学编程者往往不知道从何入手，非常迷茫，以下几个问题是初学者经常问到的。

1．多久能学会编程？

这是一个没有答案的问题。每个人投入的时间、学习效率和基础都不一样。如果你每天都拿出很多的时间来学习，那么两三个月就可以学会 C/C++，不到半年时间就可以编写出一些软件。但是有一点可以肯定，几个月从初学者成长为高手是绝对不可能的。学习编程不是看几本书就能搞定的，需要你不断地练习，编写代码，积累零散的知识点。代码量跟你的编程水平直接相关。每个程序员都是这样过来的，开始都是一头雾水，连输出九九乘法表都很吃力，只有通过不断练习才能熟悉。这是一个强化思维方式的过程。

知识点可以在短时间内了解，但是思维方式和编程经验需要不断实践才能强化，这就是为什么很多初学者已经了解了C语言的基本概念，但是仍然不会编写代码的原因。

2．学编程难吗？

请先问问自己，你想学编程吗？你喜欢吗？如果你觉得自己对编程很感兴趣，想了解软件或网站是怎么做的，那么就不要再问这个问题了，尽管去学就好了。编程是一门技术，只要你想学，肯定能学会。技术就是一层窗户纸，是有道理可以遵循的。在技术领域，编程的入门门槛很低，互联网的资料很多，只要你有一台计算机、一根网线，就可以学习。

3．英语和数学基础不行，可以学会吗？

首先说英语。编程需要你有英语基础。编程起源于美国，代码中会出现很多英文单词，有英语基础记忆起来会非常容易。如果你英语基础不好也没关系，推荐你安装有道词典，它的划词功能非常棒，选中什么就即时翻译什么，不管是句子还是单词。如果你希望达到很高的编程水平，可能要阅读英文的技术资料（不是所有资料都被翻译成了中文），这就要求你学好英语，养成英文阅读习惯，不断提高你的英文水平。

至于数学，现在编程都是模块化设计，不是程序架构师很少会涉及算法和复杂的数学知识。但是学好数学知识，对学习计算机专业的其他课程，对个人的职业发展还是必需的。

4．需要什么配置的计算机？

对于初学者和在校大学生，配置中等性能的计算机即能够满足日常的学习要求；对于从事编程设计的专业人员，根据不同业务可配置性能较高的计算机。

✎ 同步练习

一、选择题

1．C语言是一种（　　　）。

    A．机器语言　　　　　　B．汇编语言　　　　　　C．高级语言　　　　　　D．低级语言

2．下列各项中，不是C语言特点的是（　　　）。

    A．语言简洁、紧凑，使用方便　　　　　　B．数据类型丰富，可移植性好

    C．能实现汇编语言的大部分功能　　　　　　D．有较强的网络操作功能

3．以下叙述不正确的是（　　　）。

    A．一个C源程序必须包含一个main函数

    B．一个C源程序可由一个或多个函数组成

    C．C程序的基本组成单位是函数

    D．在C程序中，注释说明只能位于一条语句的后面

二、填空题

1．C程序一般由若干个函数构成，程序中应至少包含一个_____，其名称只能为_____。

2．计算机编程语言分成_____、_____、_____三大类。C语言诞生于_____年；1983年，美国制定的C语言标准为_____；1999年，由ISO/IEC发布的C语言标准为_____。

三、问答和编程题

1．写出一个C程序的构成。

2．已知一个正方形的长 $a=4$，宽 $b=3$，求长方形的面积 s 并输出。

单元2
C语言基础

02

问题引入

问题引入

战国时期的思想家荀子在《劝学》中写到："故不积跬步，无以至千里；不积小流，无以成江海。骐骥一跃，不能十步；驽马十驾，功在不舍。锲而舍之，朽木不折；锲而不舍，金石可镂"。唐代诗人杜甫曾经说过："读书破万卷，下笔如有神。"他也正是如此，手不释卷，写出了许多脍炙人口的诗篇，成为后人所景仰的"诗圣"。历史故事告诉我们，积累是成功的钥匙，积累是成功的奠基石。同学们在学习中要注重点滴知识的积累，让自己每天进步一点点。

学习编程的第一步是学习基础知识，其中最基本的是要了解有哪些类型的数据，怎样存储和处理这些数据。例如，设计一个学生信息管理系统，需要记录每个学生的姓名、性别、年龄、籍贯、成绩等数据。再如，设计一个超市信息管理系统，需要记录商品货号、名称、价格、数量、供货商等数据。这些数据属于不同的类型，有不同的存储和计算方法。

请大家考虑两个问题。

问题1：现实中有哪些类型的数据？

问题2：不同类型的数据可以进行哪些运算？

本单元学习任务

本单元将介绍C语言的基本数据类型、运算符与表达式等内容。本单元学习任务如下所示。

1. 了解C语言的数据类型。

2. 掌握常量与变量的定义和使用方法。

3. 掌握整型数据、实型数据、字符型数据的取值范围、使用方法。

4. 掌握算术运算符与算术表达式、赋值运算符与赋值表达式、位运算、数据类型的转换、几个特殊运算符的使用。

知识描述

2.1 数据类型

计算机中的数据信息，如图像、字符、声音、视频等，都是使用二进制数来存放的。那么计算机是如何区分这些信息的呢？这取决于计算机如何解释这些二进制数据。如一段二进制数据01100001，如果解释为整型数据是97，如果解释为字符型数据是'a'。

2-1：数据类型

人们根据实际需要，将数据分为了不同的类型。在C语言中，数据类型包括基本类型、构造类型、指针类型和空类型四大类，如图2.1所示。

图2.1 C语言的数据类型

基本类型是C语言内部预先定义的数据类型，也是实际中最常用的数据类型，比如整型、字符型、单精度实型、双精度实型等。C语言处理系统内部为使用基本数据类型的操作提供了非常方便的使用环境。在本单元中，我们先介绍基本数据类型，其他内容将在以后各单元中陆续介绍。

2.1.1 进制与进制转换

1. 进制

进制是一种计数机制，它可以使用有限的数字符号代表所有的数值。X进制表示某一位置上的数在运算时逢X进一位。例如十进制的基数为10，数码由0~9组成，计数机制是"逢十进一"。在计算机中，对于任何一个数，除了十进制外，还常用二进制、八进制和十六进制表示。

（1）二进制。

二进制由0和1两个数码组成，计数机制是"逢二进一"。例如使用二进制表示十进制数字2时，个位上的数字为2，逢二进一，应将第2位上的数字置为1，此时个位上的数字减去2变为0，即$(10)_2$。

（2）八进制。

八进制由0~7共8个数码组成，计数机制是"逢八进一"。在C语言中添加前缀数字0以表示八进制数。例如使用八进制表示十进制数字8时，逢八进一，应将第2位上的数字置为1，个位上的数字是8-8=0，因此表示为010。同理，使用八进制表示十进制数字17时，因为17=2×8+1，应将第2位上的数字置为2，个位数上的数字是17-2×8=1，因此表示为021。

（3）十六进制。

十六进制由0~9、A~F（或a~f，分别对应十进制的10~15）共16个数码组成，计数机制是"逢十六进一"。在C语言中添加前缀数字0和字母X（或x）以表示十六进制数。例如使用十六进制表示十进制数字16时，逢十六进一，应将第2位上的数字置为1，此时个位上的数字是16-16=0，因此表示为0X10。同理，使用十六进制表示十进制数字45时，因为45=2×16+13，应将第2位上的数字置为2，个位上的数字是45-2×16=13，对应的十六进制数是D，因此表示为0X2D。

十进制数0~15与二进制数、八进制数以及十六进制数的对应关系如表2.1所示。

2. 进制转换

在计算机中，不管用哪种进制形式来表示数据，数据本身是不会发生变化的。因此，不同进制的数据是可以相互转换的。

（1）二进制、八进制、十六进制数转换为十进制数。

二进制、八进制、十六进制数转换为十进制数的规律是相通的，通常采用"按权求和"的方法，即把二进数（或八进制、十六进制数）按位权的形式展开为多项式和的形式，求其最后的和，就是其对应的十进制数。

2-2：进制与进制转换

进制转换（1）

表 2.1　进制对应关系表

十进制	二进制	八进制	十六进制
0	0000	0	0
1	0001	1	1
2	0010	2	2
3	0011	3	3
4	0100	4	4
5	0101	5	5
6	0110	6	6
7	0111	7	7
8	1000	10	8
9	1001	11	9
10	1010	12	A
11	1011	13	B
12	1100	14	C
13	1101	15	D
14	1110	16	E
15	1111	17	F

例： 计算二进制数$(1101.101)_2$对应的十进制数。

解： 将二进制数的整数部分和小数部分的每位数乘以 2 的相应次方，得到的各乘积相加即可。即整数部分最右边第 1 位的数乘以 2 的 0 次方，第 2 位的数乘以 2 的 1 次方……第 n 位的数乘以 2 的 $n-1$ 次方，然后把所有乘积的结果相加，就求出对应的十进制数的整数部分；小数部分最左侧第 1 位数乘以 2 的 -1 次方，第 2 位数乘以 2 的 -2 次方……第 n 位的数乘以 2 的 $-n$ 次方，然后把所有乘积的结果相加，就求出对应的十进制数的小数部分。

$$(1101.101)_2=(1\times2^3+1\times2^2+0\times2^1+1\times2^0). (1\times2^{-1}+0\times2^{-2}+1\times2^{-3})=13.625$$

将八进制数、十六进制数转换为十进制数，只需要将各位上的权值改为 8 或者 16 的对应次方即可。

例： 计算八进制数 0256.24、十六进制数 0X21F 对应的十进制数。

解： $0256.24=(2\times8^2+5\times8^1+6\times8^0). (2\times8^{-1}+4\times8^{-2})=174.312\ 5$

$0X21F=2\times16^2+1\times16^1+15\times16^0=543$

（2）十进制数转换为二进制、八进制、十六进制数。

将一个十进制数转换为二进制数，需要将整数部分和小数部分分别转换，再加以合并。

将十进制整数转换成二进制数通常采用"除 2 取余法"，即用 2 整除十进制整数，求得一个余数，再用 2 整除商，求得第 2 个余数，如此进行，直到商小于 1 时为止。把先得到的余数作为二进制的低位有效位，后得到的余数作为二进制的高位有效位，依次排列就求出了二进制数的整数部分。

进制转换（2）

将十进制小数转换成二进制小数采用"乘 2 取整"法，即用 2 乘十进制小数，将积的整数部分取出，再用 2 乘余下的小数部分，再将积的整数部分取出，如此进行，直到乘积中的小数部分为零为止。然后把先取出的整数作为二进制小数的高位有效位，后取出的整数作为二进制小数的低位有效位，依次排列就求出了二进制数的小数部分。如果乘积中的小数部分总不为零，那步骤进行到达到题目所要求的精度即可。

例： 计算十进制数 25.625 对应的二进制数。

解：

先计算整数部分：

$25\div2=12$　　　余数为 1

12÷2=6　　　余数为0

6÷2=3　　　余数为0

3÷2=1　　　余数为1

1÷2=0　　　余数为1

所以 25=(11001)$_2$

再计算小数部分：

0.625×2=1.25　　整数为1

0.25×2=0.5　　　整数为0

0.5×2=1　　　　整数为1

所以 0.625=(0.101)$_2$

因此 25.625 对应的二进制数为(11001.101)$_2$。

再如：计算十进制数 0.7 对应的二进制数。

0.7×2=1.4　　　整数为1

0.4×2=0.8　　　整数为0

0.8×2=1.6　　　整数为1

0.6×2=1.2　　　整数为1

0.2×2=0.4　　　整数为0

0.4×2=0.8　　　整数为0

……

继续计算下去，乘积中的小数部分不可能为零，此时根据题目要求，截取所需要的位数的数据即可。因此 0.7=(0.101100…)$_2$。

同理，把十进制数转换为八进制、十六进制数时，将基数 2 换成 8、16 就可以了。

例：将 25 转换为八进制数。

解：25÷8=3　　　余数为1

　　　3÷8=0　　　余数为3

　　　所以 25=031

再如：将 25 转换为十六进制数。

解：25÷16=1　　　余数为9

　　　1÷16=0　　　余数为1

　　　所以 25=0X19

（3）二进制数与八进制数的转换。

二进制数转换为八进制数，通常采用"取三合一法"，即以二进制的小数点为分界点，将二进制数整数部分从右向左、小数部分从左向右，每 3 位分一组（如果整数最高位或小数最低位分组内的数据不足 3 位，可以填 0 以凑足 3 位）。每组中的 3 位二进制按权求和相加就得到 1 位八进制数。将各组依次得到的数字连接起来，就构成对应的八进制数。

例：将二进制数(1011110. 10101)$_2$转换为八进制数。

解：将 1011110.10101 分组为：(<u>001 011 110</u>).(<u>101 010</u>)，每组 3 位二进制数分别转换为 1 位八进制数，对应八进制数为 0136.52。

八进制转换为二进制，通常采用"取一分三法"，即每位八进制数转换成 3 位二进制数，再连接起来即可。

例：将八进制数 0347.76 转换为二进制数。

解：将 347.76 中每位数字分别转换为 3 位二进制数，得到：(<u>011 100 111</u>).(<u>111 110</u>)，自左向右连接起

进制转换（3）

来，整数部分高位的 0 和小数部分最低位的 0 可以省略，结果为$(11100111.11111)_2$。

（4）二进制数与十六进制数的转换。

二进制转换为十六进制，通常采用"取四合一法"，即以二进制的小数点为分界点，将二进制数整数部分从右向左、小数部分从左向右，每 4 位分一组（如果整数最高位或小数最低位分组内的数据不足 4 位，可以填 0 以凑足 4 位）。每组中的 4 位二进制按权求和相加就得到 1 位十六进制数。将各组依次得到的数字连接起来，就构成对应的十六进制数。

进制转换（4）

例：将二进制数$(1011110)_2$转换为十六进制数。

解：将 1011110 分组为：(0101 1110)，每组 4 位二进制数分别转换为 1 位十六进制数，对应十六进制数为 0X5E。

十六进制转换为二进制，通常采用"取一分四法"，即每位十六进制数转换成 4 位二进制数，再连接起来即可。

例：将十六进制数 0X25C.F2 转换为二进制数。

解：将 25C.F2 中每位数字分别转换为二进制数得到：(0010 0101 1100).(1111 0010)，自左向右连接起来，整数部分高位的 0 和小数部分最低位的 0 可以省略，结果为$(1001011100.1111001)_2$。

2.1.2　整数类型

C 语言提供了多种整数类型，如基本整型、长整型、短整型、无符号型等，以适应不同应用需求。

各类整型数据的区别在于：采用不同位数的二进制编码表示，占用不同的存储空间，表示不同的数值范围。以常用的 32 位计算机系统为例，各类整数类型名、类型标识符、占据的字节数以及取值范围如表 2.2 所示。

2-3：整数类型

表 2.2　整数类型（32 位计算机系统）

整数类型名	类型标识符	字节数	取值的范围
短整型	short[int]	2	$-2^{15} \sim 2^{15}-1$（$-32\,768 \sim 32\,767$）
无符号短整型	ushort[int]	2	$0 \sim 0xffff$（$0 \sim 65\,535$）
基本整型	int	4	$-2^{31} \sim 2^{31}-1$（$-2\,147\,483\,648 \sim 2\,147\,483\,647$）
无符号整型	unsigned[int]	4	$0 \sim 0xffffffff$（$0 \sim 4\,294\,967\,295$）
长整型	long[int]	4	$-2^{31} \sim 2^{31}-1$（$-2\,147\,483\,648 \sim 2\,147\,483\,647$）
无符号长整型	ulong[int]	4	$0 \sim 0xffffffffUL$（$0 \sim 4\,294\,967\,295$）

> **注意**　不同的编译系统或计算机系统对不同类型数据所占用的字节数有不同规定。例如在以前的 16 位系统上，int 占 2 个字节，long 占 4 个字节。

整数分为有符号数和无符号数。有符号定点数在计算机中是以二进制形式表示的，有 3 种表示方法，即原码、反码和补码。3 种表示方法均由符号位和数值位两部分构成。符号位在最高位，用 0 表示"正"，用 1 表示"负"；其余位是数值位。3 种表示方法各不相同。

原码：按照二进制的方法来表示数的绝对值。用这样的表示方法得到的就是数的原码。

反码：正数的反码与其原码相同；负数的反码为其原码除符号位以外的各位按位取反。

补码：正数的补码与其原码相同；负数的补码是将其原码除符号位以外的各位求反之后，在末位再加 1。

下面以机器字长为 8 位二进制数为例，列举几个十进制数对应的二进制原码、反码、补码，如表 2.3 所示。

表 2.3　列举几个数的原码、反码和补码（适用于 8 位机系统）

数值	原码	反码	补码
+1	00000001	00000001	00000001
−1	10000001	11111110	11111111
+49	00110001	00110001	00110001
−49	10110001	11001110	11001111
+127	01111111	01111111	01111111
−127	11111111	10000000	10000001

小提示　（1）在计算机系统中，数值一律用补码来表示和存储。使用补码，可以将符号位和数值位统一处理；同时，加法和减法也可以统一处理。在计算机中执行数学表达式 $a-b$，即执行 $a+(-b)$ 的操作。

例如：[1−127]补=1补+(−127)补=00000001+10000001=10000010=[−126]补。

（2）正数的原码、反码、补码均相同。负数的补码，除符号位外，各位求反之后在末位加 1，就得到了其原码。如果加 1 之后有进位，要往前进位，包括符号位。补码与原码相互转换，其运算过程是相同的。

例如，（1）中例子的运算结果为 10000010，将数值位取反之后加 1 为：11111110，即−126 的原码。为表述简单，表 2.3 的二进制数据是以 8 位机系统为例，32 位机系统的情况以此类推即可。

2.1.3　实数类型

2-4：实数类型

　　实数类型数据又称实数、实型或浮点数，指的是带有小数部分的非整数数值，例如 342.15、3.6E−6 这类数据。实型数据在计算机内部也是以二进制的形式存储和表示。虽然在程序中，一个实数既可以用小数形式表示，也可以用指数形式表示，但在内存中，实数一律都是以指数形式存放的。而且不论数值大小，都把一个实型数据分为小数和指数两个部分。其中小数部分的位数越多，数的有效位越多，数的精度就越高；指数部分的位数越多，数的表示范围就越大。

　　C 语言提供了两种表示实数的类型：单精度型和双精度型，类型标识符分别为 float 和 double。

　　在一般的计算机系统中，float 型在计算机内存中占 4 个字节的存储空间，double 型占用 8 个字节的存储空间。实型数据具体精确到多少位与具体系统有关。例如，在 VC 6.0 中，float 型实数的数值范围为 $-10^{38} \sim 10^{38}$，并提供 7 位有效数字；绝对值小于 10^{-38} 的数被处理成零值。double 型实数的数值范围为 $-10^{308} \sim 10^{308}$，并提供 15～16 位有效数字；绝对值小于 10^{-308} 的数被处理成零值。可见 double 类型的数据要比 float 类型的数据精确得多。

2.1.4　字符类型

2-5：字符类型

　　字符型数据包括两种：单个字符和字符串。例如，'a'是单个字符，而"abc"是字符串。在计算机中，字符是以 ASCII 码的形式存储的。一个字符占用 1 个字节的存储空间。如字符'A'的 ASCII 码对应十进制数值 65，用二进制表示是 01000001；字符'B'的 ASCII 码对应十进制数值为 66，用二进制数表示是 010000010；字符'5'（不是整数 5）的 ASCII 码对应十进制数值为 53，用二进制数表示是 00110101。字符类型的标识符是 char。

2.2 常量与变量

在 C 语言中，数据可分为常量和变量。在程序运行过程中，其值不能被改变的量为常量，其值可以发生变化的量为变量。

2.2.1 常量

C 语言提供的常量有整型常量、实型常量、字符常量、字符串常量和符号常量。

1. 整型常量

整型常量就是整数，可以用以下 3 种形式表示。

（1）十进制整常数。

例如：25、−623、0 等。

（2）八进制整常数。

例如：016（十进制数 14）、0177777（十进制数 65 535）、−010（十进制数−2）等是合法的八进制数。

常数 256（无前缀 0）、079（包含了非八进制数码 9）不是合法的八进制数。

（3）十六进制整常数。

例如：0X2A（十进制数 42）、0x1AB0（十进制数 6 832）、0XFFFF（十进制数 65 535），都是合法的十六进制数。

5A（无前缀）、0X2H（包含了非十六进制数码 H）不是合法的十六进制数。

2-6：整型常量和实型常量

> **小提示** （1）在 C 程序中是根据前缀来区分各种进制数的，书写常数时不要混淆前缀。
> （2）整常数前面加负号即可表示负数。
> （3）可以在整型常量后面加后缀"L"或"l"表示长整型，加后缀"U"或"u"表示无符号数。例如：168L、023L、0XA4L、38U、0x2f3u、345Lu 等。

2. 实型常量

实数在 C 语言中又称浮点数。实数有以下两种表示方法。

（1）小数形式。由数字 0～9 和小数点组成（注意必须有小数点）。

例如：0.0、25.4、.12、22.、−56.33 等均为合法的实型常量。

（2）指数形式。由十进制数加阶码标志小写字母"e"（或大写字母"E"）和阶码（必须是整数）组成。其中，字母 e（E）前面必须有数字，后面必须是整数。

例如：2.3E5 表示 2.3×10^5，5.6e−3 表示 5.6×10^{-3}、−1.8E−2 表示−1.8×10^{-2}。

以下不是合法的实型常量。

① 123（无小数点）。

② E4（阶码"E"之前无数字）。

③ 23.−E3（负号的位置不对）。

④ 2.7E（无阶码）。

3. 字符常量

字符常量是用一对单撇号（西文单引号）括起来的一个字符。例如，'b'、'Z'、'='、'?'、'5'都是字符常量。在计算机中，字符常量有以下特点。

（1）字符常量只能用单引号括起来，不能用双引号或其他符号括起来。

2-7：字符常量

（2）字符常量只能是单个字符，不能是多个字符。

（3）字符可以是字符集中的任意字符。

字符集是一个允许使用的字符的集合，在大部分计算机上广泛采用的是 ASCII 编码字符集。常用字符与 ASCII 码对照表见附录 A。

> **注意** C 语言中，一般情况下一个汉字占用 2 个字节的存储空间。因此，一个汉字不能按照一个字符处理，应该按照字符串处理。例如，'中'是非法的字符常数。

大家不必全部记住所有字符的 ASCII 值，只需要了解一些 ASCII 码的基本知识即可。标准 ASCII 码有 128 个字符，其中需要注意的有以下几点。

（1）码值 0～31 为控制字符（不可显示字符），它们有特殊的用途。例如，回车换行、文件结束标志、字符串结束标志等。

（2）码值 32 为空格符编码，被认为是可以显示字符中码数最小的字符。

（3）10 个阿拉伯数字 0～9 的码值是连续的。

（4）26 个英文字母分为大小写。大写字母 A～Z、小写字母 a～z 是连续的。由于大写字母 Z 和小写字母 a 之间还有 6 个其他字符，所以大小写字母之间的转换要通过加（减）32 来实现。

（5）上面这些字符的 ASCII 值大小顺序如下。

空格＜数字＜大写字母＜小写字母

由于字符常量在计算机中是以 ASCII 码形式存储的，因此，它可以参与各种运算。例如：

① 'B'-'A'值为 1（字符'B'的 ASCII 值 66 减去字符'A'的 ASCII 值 65 结果为 1）；

② 'A'+2 为 67（字符'A'的 ASCII 值 65 加上 2，等于字符'C'的 ASCII 值 67）；

③ 'b'-32 值为 66（字符'b'的 ASCII 值 98 减去 32 等于 66，是字符'B'的 ASCII 值）；

④ '9'-'0'的值为 9（字符'9'的 ASCII 值 57 减去字符'0'的 ASCII 值 48 等于 9）；

⑤ 'c'<'d'的值为 True（字符'c'的 ASCII 值小于字符'd'的 ASCII 值）。

（6）在 C 语言中，还有一些字符比较特殊，不可视或者无法通过键盘输入。如换行符、回车符等。解决的办法是由一个反斜杠（\）后跟规定字符构成，具有特定含义，称为转义字符。在程序的编译过程中，转义字符是作为一个字符处理的，存储时占用 1 个字节。

常用的转义字符的定义如表 2.4 所示。

表 2.4　常用的转义字符的定义

转义字符	含义	ASCII 码
\n	换行	10
\t	水平制表（跳到下一个 tab 位置）	9
\b	退格（Backspace）	8
\0	空字符	0
\\	反斜杠字符	92
\'	单引号字符	39
\"	双引号字符	34
\ddd	1～3 位八进制数据所代表的字符	
\xhh	1～2 位十六进制数据所代表的字符	

【例 2.1】转义字符的使用。

```
#include <stdio.h>
```

```
int main()
{
    printf("\"china\"\n");
    printf("My\tCountry.\n");
    printf("I am hap\160\x79.\n");
    printf("Hay a\b\b\b\bow are you\n");
    return 0;
}
```

程序运行结果如图 2.2 所示。

图 2.2　程序运行结果

4. 字符串常量

字符串常量简称字符串，是用一对双撇号（西文双引号）括起来的一串字符。字符的个数称为字符串的长度。如"Hello world"、"a"、"C 语言"都是字符串常量。

字符串常量和字符常量的区别如下。

2-8：字符串常量

（1）字符常量是由单引号括起来的字符，而字符串常量是由双引号括起来的字符。尽管'a'与"a"都含有一个字符，但在 C 程序中，它们具有不同的含义。

（2）字符常量只能是一个字符，字符串常量可以包含零个或多个字符。

（3）可以把一个字符常量赋予一个字符变量，但不能把一个字符串常量赋予一个字符变量。

（4）字符常量占 1 个字节内存空间，字符串常量所占内存的字节数等于其字符的个数加 1。

在字符串结尾，计算机自动加上字符'\0'，表示该字符串的结束。因此，字符串常量的存储单元个数要比字符串中字符的个数多 1。

例如，字符串常量"a"在内存中占 2 个字节，分别存储'a'和'\0'。字符串"This is a computer"字符个数为 18，但占用 19 个字节，最后一个字节存放'\0'。

字符个数为 0 的空串""实际上也存了一个字符'\0'。由于字符'\0'的 ASCII 值为 0，因此可以作为检查字符串是否结束的标志。

在 C 语言中没有专门的字符串变量，可以用一个字符型数组存放一个字符串。本书在单元 6 中将详细介绍。

5. 符号常量

在 C 语言程序中，可以用一个标识符来代表一个常量，该标识符叫作符号常量。

定义符号常量，通常使用编译预处理命令 define。其语法结构为：

2-9：符号常量

```
#define 标识符 常量
```

其中，#define 是一条预处理命令（预处理命令都以"#"开头），其作用是把该标识符定义为后面的常量值。符号常量一般用大写字母表示，以便与其他标志相区别。符号常量要先定义后使用。符号常量一经定义，以后在程序中所有出现该标识符的地方均代之以该常量值。

例如：

```
#define NUM 0                     //定义符号常量 NUM
#define  PI 3.14159               //定义符号常量 PI
```

【例 2.2】使用符号常量计算半径为 5 的圆的周长和面积。

程序代码：

```
#include <stdio.h>
#define PI 3.14
int main()
{
    printf("周长是: %f\n",2*PI*5);
    printf("面积是: %f\n",PI*5*5);
    return 0;
}
```

图 2.3　程序运行结果

程序运行结果如图 2.3 所示。

> **小提示** （1）一个#define 命令只能定义一个符号常量，且用一行书写，不用分号结尾。
>
> （2）符号常量一旦定义，就可以在程序中代替常量使用。由于是常量，所以符号常量在其作用域内不能再被修改或赋值。例如：
>
> ```
> #define NUM 10
> int main()
> {
>     NUM=5;     //编译时会提示错误，符号常量NUM的值不能再被修改
> }
> ```
>
> （3）使用符号常量，增强了程序的可读性和可维护性。当程序中多处使用同一个常量时，如果需要修改该常量的值，修改操作会很烦琐且容易遗漏。而使用了符号常量的话，则只需要修改定义处的值即可。

2.2.2　变量

变量是指在程序运行过程中，其值可以改变的量。变量具有保值的性质，但是当给变量赋新值时，新值会取代旧值，这就是变量的值发生变化的原因。程序中用到的所有变量都必须有一个名字作为标识，在内存中占用一定的存储单元，在该存储单元中存放变量的值。给变量所取的名字叫变量名。给变量命名要符合标识符的命名规则。

1. 标识符

标识符是用来标识变量、符号常量、数组、函数、文件等名字的有效字符序列。大家以后要学习的变量名、数组名、函数名等都是程序中的标识符。C 语言规定，标识符只能由字母、数字、下划线组成，且第一个字符必须为字母或下划线。

例如，score、sum、p1、Stu_Name、_sum 等都是合法的标识符。

标识符中的字母是区分大小写的，如 sum、SUM、Sum 不能混用。一般情况下，变量名用小写字母，特殊的标识符用大写字母。为了阅读程序方便，标识符最好能够见名知意，如使用英文单词或汉语拼音，但不能出现汉字或其他全角字符。

2-10：标识符与关键字

C 语言中标识符的长度（字符个数）没有统一规定，多数系统中允许达到 32 个字符，多于规定长度的字符无效。

2. 关键字

C 语言内部预先定义的标识符称为关键字（或保留字）。关键字不能够作为用户标识符。ANSI 标准中规定了 32 个符号为基本关键字，如下所示。

```
auto        break       case        char        const       continue
default     do          double      else        enum        exern
float       for         goto        if          int         long
register    return      short       signed      sizeof      static
struct      switch      typedef     union       unsigned    void
volatile    while
```

除了关键字以外，尽量不要使用 main、printf 等库函数的名字作为用户的标识符。

3. 变量的定义

C 语言的基本变量类型有整型变量、实型变量和字符型变量。在程序中，使用变量必须先定义。定义一个变量就是要确定其类型与名字（标识符）。变量的类型决定了存储数据的格式和占用内存字节数；变量的名字由用户定义，它必须符合标识符的命名规则。变量定义后，程序通过变量名字读写变量地址中的数据。

2-11：变量的定义与使用

变量定义的一般形式为：

[存储类型] 数据类型 变量名 1[,变量名 2,…];

下面是一些定义变量的例子。

```
int a,b,c;          //定义了 3 个整型变量
float x;            //定义了单精度实型变量 x
double c;           //定义了双精度实型变量 c
char ch;            //定义了字符型变量 ch
```

变量定义时，需要注意以下几点。

（1）允许在一个类型说明符后定义多个相同类型变量。类型说明符与变量名之间至少用一个空格间隔，各变量名之间用逗号间隔。

（2）最后一个变量名后面用";"结尾。

（3）变量定义必须放在变量使用之前，一般放在函数体开头部分。

（4）没有给变量赋初值，并不意味着该变量中没有数值，只表明该变量中没有确定的值，因此直接使用这种变量的话可能产生莫名其妙的结果，有可能导致运算错误。

4. 变量的初始化

上述变量的定义只是指定了变量名字和数据类型，并没有给它们赋初值。给变量赋初值的过程称为变量的初始化。例如：

```
int a=256,b=-2;     //定义了 a 和 b 两个整型变量,初值分别为 256 和-2
float x=5.26;       //定义了单精度实型变量 x,初值为 5.26
double c,d=2.5;     //定义了双精度实型变量 c 和 d,并给 d 赋初值
char ch='a';        //定义了字符型变量 ch,其值为字符 a
```

【例 2.3】整型变量的定义与使用。

```
#include<stdio.h>
int main()
{
    int a=3,b=5,c,d;                //定义整型变量 a、b、c、d,并为 a、b 赋初值
    c=a+b;
    d=a-b;
    printf("a+b=%d,a-b=%d\n",c,d);  //输出 a 与 b 的和与差
    return 0;
}
```

程序运行结果如图 2.4 所示。

程序中用到的所有变量都必须有一个变量名。变量名和变量值是两个不同的概念。变量名实际上是一个符号，表示变量在内存中的存放位置。程序运行过程中，从变量取值，实际上是通过变量名找到相应内存地址，从存储单元读取数据。而对变量赋值，也是通过变量名找到相应内存地址，然后将数据写入存储单元。变量名和变量值的关系如图 2.5 所示。

图 2.4 程序运行结果

图 2.5 变量名与变量值

不同类型的变量在内存中占据存储单元的数量及存储的格式不相同。C 语言要求变量必须"先定义后使用"。这样做的目的如下。

（1）定义变量时就指定它的数据类型，编译时可以为其分配相应内存单元，编译程序会检查对该变量的运算是否合法。

例如，在 Dev-C++中，为 int 类型变量分配 4 个字节存储单元，可以进行求模（余数）运算；为 double 类型分配 8 个字节，不可以进行求模运算。

（2）保证程序中变量名的正确使用。

例如：

```
#include<stdio.h>
```

```
int main()
{
    int a=5,b=6,sum=0;
    svm=a+b;
    return 0;
}
```

程序第 5 行错将 sum 写为 svm，编译时，系统会报告 svm 没定义，并给出错误提示"undeclared identifier"。

5. 实型数据的舍入误差

使用实型数据时，要注意数据的有效数字位数，请看下例。

【例 2.4】实型数据的舍入误差。

2-12：实型变量

```
#include <stdio.h>
int main()
{
    float a=1.234567E10,b;
    b=a+20;
    printf("a=%f\n",a);
    printf("b=%f\n",b);
    return 0;
}
```

程序运行结果如图 2.6 所示。

变量 b 的值应该比变量 a 大 20，可是运行结果显示二者相同。这是因为变量 a 和 b 都是 float 类型，只能保留 6～7 位有效数字，变量 b 所加的 20 被舍弃了。因此，在进行计算时，要避免一个大数和一个小数直接相加、减。

```
a=12345669632.000000
b=12345669632.000000
```
图 2.6 程序运行结果

如果将上例中的 float 类型改为 double 类型，就可以避免 float 类型数据运算超出精度范围而产生的溢出问题，消除误差，大家可以试一试。

【练一练】

（1）已知圆形半径为 2.5，求周长和面积。

（2）求 3 个数 5、8 和 9 的平均值，结果保留小数部分。

6. 字符型数据与整型数据的关系

2-13：字符型数据和整型数据的运算关系

字符型数据在内存中占用 1 个字节，只能存放一个字符，并以该字符的 ASCII 值的形式存放。char 型数据的取值范围为-128（对应二进制数 10000000）～127（对应二进制数 01111111），unsigned char 型数据的取值范围为 0（对应二进制数 00000000）～255（对应二进制数 11111111）。

在 C 语言中，一个字符型数据可以按照整型数据（即该字符对应的 ASCII 整数值）来处理。

【例 2.5】给字符型变量赋整数值。

```
#include <stdio.h>
int main()
{
    char ch1=65,ch2=66;
    printf("%c,%c\n",ch1,ch2);
    printf("%d,%d\n",ch1,ch2);
    return 0;
}
```

程序运行结果如图 2.7 所示。

本例中，将整数值赋给字符型变量，那么既可以以整数形式输出其 ASCII 值，又可以以字符形式输出对应字符。这是因为字符型数据以 ASCII 值存放。可以将字符型看成是特殊的整型。

```
A,B
65,66
```
图 2.7 程序运行结果

在 C 语言中，允许为字符型变量赋整型值，把字符型变量按整型形式输出；同样也允许为整型变量赋字符型值，把整型变量按字符型形式输出。

需要说明的是，整型变量作为字符型变量处理时，只有低 8 位（即 1 个字节）的数据参与处理。

【例 2.6】大、小写英文字母的相互转换。

```c
#include <stdio.h>
int main()
{
    char ch1,ch2;
    ch1='a';
    ch2='Q';
    ch1=ch1-32;
    ch2=ch2+32;
    printf("%c,%c\n%d,%d\n",ch1,ch2,ch1,ch2);
    return 0;
}
```

程序运行结果如图 2.8 所示。

C 语言允许字符型变量参与数值运算。本例中，将字符型变量 ch1 和 ch2 的 ASCII 值分别进行了加法和减法运算。由于大写字母和小写字母的 ASCII 值相差 32，因此运算后把小写字母和大写字母进行了转换，并分别以字符型和整型的形式输出。

A,q
65,113

图 2.8 程序运行结果

【例 2.7】字符型变量和整型变量的相互赋值。

```c
#include <stdio.h>
int main()
{
    char x='\256';
    int y;
    y=x;
    printf("y=%d\n",y);
    return 0;
}
```

运行程序结果如图 2.9 所示。

程序中字符型变量 x 被赋值为转义字符'\256'，对应十进制数 174。那么问题来了，把字符型变量 x 的值赋给整型变量 y 后，y 的值为什么不是 174，而是 -82 呢？

y=-82

图 2.9 程序运行结果

这是因为在进行 y=x 的赋值运算时，先要把字符型变量 x 的值转换为整型。因此需要把字符的 ASCII 值由 1 个字节扩展为 4 个字节（在这里我们以 32 位系统的情况为例，整型变量在内存占用 4 个字节）。如字符'\256'的扩展情况如下。

1 个字节：

1	0	1	0	1	1	1	0

扩展为 4 个字节：

1	1	1	1	1	1	1	1	1	1	1	1	1	1	1	1	1	1	1	1	1	1	1	1	1	0	1	0	1	1	1	0

扩展后的二进制数对应着 -82 的补码。这种扩展称为带符号位的扩展，即用字符 ASCII 值的最高位（本例中为 1）填充扩展字节（高 24 位）。

如果把字符型变量定义为 unsigned char 类型，将该字符型变量赋给整型变量时，要先把字符型变量的值转换为整型。将 1 个字节扩展为 4 个字节时，整型变量的高位全部填入 0，即数值不变。

【例 2.8】无符号字符型变量和整型变量的相互赋值。

```c
#include <stdio.h>
int main()
{
```

```
        unsigned char x='\256';
        int y;
        y=x;
        printf("y=%d\n",y);
        return 0;
    }
```

程序运行结果如图 2.10 所示。

在本例中，字符型变量 x 被定义为无符号字符型，因此在进行 y=x 赋值运算时，变量 x 的 ASCII 值由 1 个字节扩展为 4 个字节，扩展情况如下。

y=174

图2.10　程序运行结果

1 个字节：

1	0	1	0	1	1	1	0

扩展为 4 个字节：

0	0	0	0	0	0	0	0	0	0	0	0	0	0	0	0	0	0	0	0	0	0	0	0	1	0	1	0	1	1	1	0

这种扩展称为不带符号位的扩展，即用 0 填充扩展字节（高 24 位）。

【练一练】

（1）将大写字母'Q'转换为小写字母输出。

（2）写出下列程序的运行结果_____。

```
#include <stdio.h>
int main()
{
    char ch1='e',ch2='l',ch3='o';
    char ch4='\101',ch5='\102',ch6='\103';
    printf("h%cl%c%c\tworld\n",ch1,ch2,ch3);
    printf("%c%c\b\b%c\n",ch4,ch5,ch6);
    return 0;
}
```

2.3　运算符与表达式

计算机通过各种运算完成对数据的处理。通常对数据可以进行加、减、乘、除等算术运算，也可以进行关系运算、逻辑运算、位运算。用来表示各种运算的符号称为运算符。

C 语言中的运算符非常丰富。运算符与运算对象（变量、常量、函数、表达式）组合起来，构成了 C 语言的表达式。

只有一个运算对象的运算符称为单目运算符，有两个运算对象的运算符称为双目运算符，有 3 个运算对象的运算符称为三目运算符。

当一个表达式中出现多个运算符时，就要考虑哪个运算符先运算，哪个运算符后运算，这就是运算符的优先级问题。

优先级相同的运算符还有运算方向的规定，即结合性。自左向右进行运算的结合方向是左结合，自右向左进行运算的结合方向为右结合。在表达式中，各运算对象参与运算的先后顺序，不仅要遵守运算符优先级的规定，还要受到运算符结合性的制约。

C 语言具有丰富的运算符和表达式，本节介绍 C 语言中常用的算术运算符、赋值运算符、位运算符和逗号运算符等。

2.3.1　算术运算符和算术表达式

1. 算术运算符

C 语言的算术运算符主要包括加（＋）、减（－）、乘（＊）、除（/）、求模（%）5 种。其中加、减、乘、除运算符就是数学中的四则运算，求模运算就是求余数。具体说明如下。

（1）减（−）运算符：既是单目运算符又是双目运算符，用作单目运算符时，进行取负运算，如−8、−x 等。

（2）除（/）运算符：两个整型数相除的，运算结果为整型，舍去小数部分。如果运算对象中有一个是实型数据，则结果为实型。

（3）求模（%）运算符：也叫求余运算符。要求两个操作数必须是整型，结果是整除后的余数。实型数不能进行求模运算。

2-14：算术运算符和算术表达式

设 a、b 为整型变量，则表达式 a%b 的结果为两数相除的余数，结果的符号与 a 相同。如果 a%b 结果为 0，说明 a 能被 b 整除；否则不能整除。求模运算在判断一个整数能否被另一个整数整除时很方便。

【例 2.9】除法运算符的应用举例。

```
#include <stdio.h>
int main()
{
printf("%d,%d\n",10/3,-10/3);
printf("%f,%f,%f,%f",10.0/3,10.0/-3,-10.0/3,-10.0/-3);
return 0;
}
```

程序运行结果如图 2.11 所示。

```
3,-3
3.333333,-3.333333,-3.333333,3.333333
```

图 2.11　程序运行结果

在例 2.9 中，10/3、−10/3 的运算结果都是整数，10.0/3、10.0/−3、−10.0/3、−10.0/−3 由于有实型数参与运算，结果为实型。

【例 2.10】求余数运算符的应用举例。

```
#include <stdio.h>
int main()
{
    printf("%d\n",7%3);
    printf("%d,%d,%d\n",(-7)%3,7%(-3),(-7)%(-3));
    return 0;
}
```

程序运行结果如图 2.12 所示。

```
1
-1,1,-1

------------------------------------
Process exited after 0.3562 seconds with return value 0
请按任意键继续. . .
```

图 2.12　程序运行结果

2. 算术表达式

用算术运算符和一对圆括号将操作数（常数、变量、函数等）连接起来，符合 C 语言语法的表达式称为算术表达式。

几个常见数学表达式使用 C 语言算术表达式进行描述的错误方法和正确格式，如表 2.5 所示。

表 2.5　算术表达式

数学表达式	错误的程序表达式	正确的程序表达式
$b^2 - 4ac$	b*b-4ac	b*b-4*a*c

续表

数学表达式	错误的程序表达式	正确的程序表达式
$\dfrac{b^2-4ac}{2a}$	(b*b-4*a*c)/2*a	(b*b-4*a*c)/(2*a)
$\dfrac{a+b}{a-b}$	a+b/a-b	(a+b)/(a-b)

> **注意**　（1）在 C 语言的算术表达式中，不允许使用方括号和大括号，只能使用圆括号。
>
> （2）圆括号是 C 语言中优先级别最高的运算符。
>
> （3）圆括号必须成对使用。当使用了多层圆括号时，先完成最里层的运算，最后处理最外层括号。
>
> （4）C 语言程序中的算术表达式要注意书写形式，不要和数学表达式混淆。

可见，算术表达式采用的是线性书写形式，运算数和运算符都要写在一条横线上。有些运算还要涉及诸如求绝对值和平方根之类的问题。对这类数学运算，C 语言已经将它们定义成标准库函数。例如，求 a 的绝对值可以使用 fabs(a) 函数，求 b 的平方根可以使用 sqrt(b) 函数。这些函数已经被定义在数学库文件"math.h"中，在使用时，用户只需要直接调用即可。

5 种算术运算符中，单目运算符取负（–）的优先级最高，其次是乘（*）、除（/）和求模（%）3 种运算符，最后是加（+）、减（–）运算，即"先乘除后加减"。算术运算符具有左结合性，即先左后右。

2.3.2　赋值运算符和赋值表达式

在 C 语言中，"="是一个运算符，称为赋值运算符。由赋值运算符组成的表达式称为赋值表达式。

语法结构：

变量名=表达式

例如：

x=5；y=x；x=a+b；

赋值运算符的功能是首先求出右边表达式的值，然后将此值赋给左边变量。赋值号左边必须是一个变量名，赋值号右边允许是常量、变量和表达式。

下面结合示例说明赋值运算符的特点。

（1）赋值运算符的优先级别很低，在所有的运算符中，仅高于 2.3.4 小节将要介绍的逗号运算符，低于其他所有运算符。因此，对于如下表达式：

x=a*b+2*c；

由于其他运算符的优先级都比赋值运算符高，所以先计算右边表达式的值，再将此值赋给变量 x。因此，x=a*b+2*c 与 x=(a*b+2*c) 两个赋值表达式等价。

（2）赋值运算符不同于数学中的等号，等号没有方向，而赋值号具有方向性。$a=b$ 和 $b=a$ 在数学上意义是等价的，但是作为程序表达式，将产生不同的操作结果。执行 a=b 操作后，变量 a 的值被改写成了变量 b 的值，原来 a 中的值被覆盖，变量 b 的值不变。

（3）C 语言规定，将赋值表达式中左边变量得到的值作为赋值表达式的值。所以表达式 a=5 的值等于 5。

（4）赋值运算符具有右结合性，因此 a=b=5 也是合法的，与 a=(b=5) 等价，最后 a 和 b 的值均等于 5。

2.3.3 位运算

2-16：位运算（1）

位运算是指在 C 语言中能进行二进制位的运算。位运算有位逻辑运算和移位运算两种。逻辑运算能够方便地设置或屏蔽内存中某个字节的一位或几位，也可以对两个数按位相加；移位运算可以对内存中某个二进制数左移或右移若干位。

C 语言提供了 6 种位运算符，如表 2.6 所示。

表 2.6 位运算符及含义

位运算符	含义	举例
&	按位与	a&b
|	按位或	a|b
^	按位异或	a^b
~	按位取反	~a
<<	左移	A<<1
>>	右移	a>>1

> **说明**（1）位运算符的运算对象 a 和 b 只能是整型数据或字符型数据，不能是实型数据。
> （2）位运算符中只有按位取反运算符（~）为单目运算符，其他均为双目运算符，即要求运算符的两侧各有一个运算对象。
> （3）位运算符优先顺序为："~"高于"<<"">>"高于"&"高于"^"高于"|"。
> （4）运算对象一律按二进制补码形式参与运算，并且是按位进行运算。
> （5）位运算的结果是一个整型数据。

下面分别介绍这 6 种位运算符的使用方法。各例题中 a 和 b 均为整型变量。设 a 的值为 6，b 的值为 10（为说明问题方便，以 16 位系统为例，6 对应二进制数为 0000000000000110，10 对应二进制数为 0000000000001010）。

1. 位逻辑运算符

（1）按位与运算符（&）。

运算规则：参与运算的两数对应的各二进制位相与，只有对应的两个二进制位均为 1 时，结果位才为 1，否则为 0。

即 0&0=0，0&1=0，1&0=0，1&1=1。

【例 2.11】计算 a&b 的值。

a 的补码：　　　　0000000000000110
b 的补码：　　　　0000000000001010
按位与 &　　　　_____
结果的补码：　　　0000000000000010

即：a&b=2。

按位与通常有以下几种特殊的用途。

① 将数据的某些位清零。

如执行语句：a=a&0，结果为a=0。

② 判断数据的某位是否为1。

如计算表达式a&0x8000，其值如果为0，表示变量*a*的最高位为0；其值如果非0，表示变量*a*的最高位为1。

③ 保留数据的某些位。

如执行语句：a=a&0xff00，结果保留*a*中高八位不变，低八位数据被清空。

（2）按位或运算符（|）。

运算规则：参与运算的两数对应的各二进制位相或，如果对应的两个二进制位均为0，则结果为0，否则为1。

即 0|0=0，0|1=1，1|0=1，1|1=1。

【例2.12】计算a|b的值。

a 的补码:　　　　0000000000000110
b 的补码:　　　　0000000000001010
按位或 |　　　────────────
结果的补码:　　　　0000000000001110

即：a|b=14。

按位或通常用于将数据的某些特定位置为1。例如，要将变量*a*的低八位全部置1，高八位不变，可以用a=a|0x00ff语句来实现。

（3）按位异或运算符（^）。

运算规则：参与运算的两数对应的各二进制位相异或，当两个对应的二进制位相异时，结果为1，相同则为0。

即 0^0=0，0^1=1，1^0=1，1^1=0。

2-17：位运算（2）

【例2.13】计算a^b的值。

a 的补码:　　　　0000000000000110
b 的补码:　　　　0000000000001010
按位异或^　　　────────────
结果的补码:　　　　0000000000001100
即：a^b=12。

按位异或具有"与1异或的位其值翻转；与0异或的位其值不变"的规律，所以通常用于保留数据的原值，或者使数据的某些位翻转。

例如：

```
int a=5,b,c;
b=a^0;          /*结果b=5*/
c=a^0x000f;     /*结果c=10*/
```

【例2.14】假设有整型变量*a*和*b*，并且*a*=6，*b*=10。现在要求不用中间变量将*a*和*b*的值互换。

可以用以下3条赋值语句实现变量值互换的功能。

```
a=a^b;   /*即a=6^10=12*/
b=b^a;   /*即b=10^12=6*/
a=a^b;   /*即a=12^6=10*/
```

（4）按位取反运算符（~）。

运算规则：对参与运算的数的各二进位按位求反，即将1变为0，0变为1。

例如：*a*的补码为0000000000000110，那么~*a*=1111111111111001。

以上位逻辑运算的规则如表2.7所示，表中*x*和*y*均是一个二进制位。

表 2.7　位逻辑运算规则

运算对象		逻辑运算结果				
x	y	x&y	x|y	x^y	~x	~y
0	0	0	0	0	1	1
0	1	0	1	1	1	0
1	0	0	1	1	0	1
1	1	1	1	0	0	0

2. 移位运算符

（1）左移运算符（<<）。

运算规则：对"<<"左侧的数据中的各二进制位全部左移，左移的位数由"<<"右侧数据指定。移位后右边出现的空位补 0，移出存储空间的高位数据舍弃。

例如，a<<2，表示将 a 的各位依次向左移 2 位，a 的最高 2 位移出去舍弃，空出的低 2 位以 0 填补。

2-18：位运算（3）

假设有 char a=5，则 a<<2 的过程如下。

```
a:              00000101
a<<2:    (00)   00010100
         舍弃     补 0
```

即 a<<2 的值为 20。

> **说明**　左移 1 位相当于该数乘以 2，左移 n 位相当于该数乘以 2^n，左移比乘法运算执行起来要快很多。但是左移 n 位相当于该数乘以 2^n，只适合于未发生溢出的情况，即移出的高位中不含有 1 的情况。

（2）右移运算符（>>）。

运算规则：对">>"左侧的数据中的各二进制位全部右移，右侧的位数由">>"右侧数据指定。移位后移出存储空间的低位数据舍弃，左边空出的位补 0 还是补 1，分以下两种情况。

① 对无符号数进行右移时，空出的高位补 0。这种右移称为"逻辑右移"。

例如，有语句 unsigned char a=0x80，则 a>>1 的过程如下。

```
a:          10000000        等于十进制数 128
a>>1:       01000000    0   等于十进制数 64
            补 0        舍弃
```

所以 a>>1 的值为 0x40。

② 对带符号数进行右移时，空出的高位全部以符号位填补，即正数补 0，负数补 1。这种右移称为"算术右移"。

例如，有语句 char a=0x80，则 a>>1 的过程如下。

```
a:          10000000        等于十进制数-128
a>>1:       11000000    0   等于十进制数-64
            补 1        舍弃
```

又如：char a=0x60，则过程如下。

```
a:          01100000        等于十进制数 96
a>>1:       00110000    0   等于十进制数 48
            补 0        舍弃
```

可以看出，数据右移 1 位相当于该数除以 2，同样，右移 n 位相当于该数除以 2ⁿ 适用于右边移出的低位数据中不包括 1 的情况。

3. 位赋值运算符

位运算符与赋值运算符结合可以组成位赋值运算符，C 语言提供的位赋值运算符如表 2.8 所示，它们都是双目运算符。

表 2.8　位赋值运算符

位赋值运算符	含义	举例	等价于
&=	位与赋值	a&=b	a=a&b
|=	位或赋值	a|=b	a=a|b
^=	位异或赋值	a^=b	a=a^b
<<=	左移赋值	a<<=b	a=a<<b
>>=	右移赋值	a>>=b	a=a>>b

2.3.4　数据类型转换

2-19：数据类型
转换（1）

在 C 语言中，不同类型的数据之间不能直接进行运算，在运算之前，必须将操作的数据转换成同一种类型，之后才能完成计算。

1. 赋值运算类型转换

在给变量赋值时，要尽量做到赋值运算符两侧的数据类型一致。如果不一致，系统将自动进行类型转换，即把赋值运算符右侧表达式的值转换为与左侧变量相同的类型。

在 C 语言的赋值表达式中，具体规定如下。

（1）将实型数据赋给整型变量时，舍去实数的小数部分。

（2）将整型数据赋给实型变量时，数值不变，以浮点形式存放，即增加小数部分（小数部分的值为 0）。

（3）将字符型数据赋值给整型变量时，由于字符型数据占一个字节，所以将字符的 ASCII 值放在整型变量的低八位中，对于无符号整型变量，其高位补 0；对于有符号整型变量，其高位补字符的最高位（0 或 1）。

（4）将整型数据赋给字符变量时，只把其低八位赋给字符变量。

【例 2.15】赋值运算类型的转换。

```c
#include <stdio.h>
int main()
{
    int a,b=328,c;
    float x,y=9.36;
    char ch1='k',ch2;
    a=y;          //a 为整型变量，将实型变量 y 的值 9.36 取整数部分 9 后赋给 a
    x=b;          //x 为实型变量，将整型变量 b 的值 328 转换为实型 328.0 后赋给 x
    c=ch1;        //将字符型变量 ch1 的 ASCII 值 107 赋给整型变量 c
    ch2=b;        //整型变量 b 的值为 328，取其值的低八位赋给字符变量 ch2
    printf("%d,%f,%d,%c",a,x,c,ch2);
    return 0;
}
```

程序运行结果如图 2.13 所示。

2. 自动类型转换

在表达式中，当运算符两边的运算对象类型相同时，可以直接进行运算，

```
9,328.000000,107,H
```

图 2.13　程序运行结果

并且运算结果和运算对象具有同一数据类型。

例如表达式 7/2 的运算结果为 3，结果只取整数部分。

由于运算对象可能具有不同的类型，因此难以避免在一个程序表达式中出现不同类型的操作数。C 语言系统遇到不同类型数据之间运算问题时，能够自动地将操作数转换成同种类型。计算结果的数据类型为级别较高的类型。

2-20：数据类型
转换（2）

例如，在计算 4/5.0 表达式时，先将整数 4 转换成实型 4.0，然后进行除法运算，计算结果为类型级别更高的实型数 0.8。

各种类型自动转换级别如图 2.14 所示。

图 2.14　数据类型自动转换

【例 2.16】数据类型自动转换举例。

```c
#include <stdio.h>
int main()
{
    float x=5.0,y;
    int a=6;
    char c='B';
    y=7+a*c+x;
    printf("y=%f",y);
    return 0;
}
```

程序运行结果如图 2.15 所示。

3. 强制类型转换

C 语言中允许使用类型说明符关键字对操作数据进行强制类型转换。

语法结构：

```
y=408.000000
```

图 2.15　程序运行结果

（类型说明符）（表达式）

其中，（类型说明符）称为强制类型转换运算符。采用强制类型转换运算符，可以将一个表达式的值转换成指定的类型，这种转换是根据人为要求进行的。例如：

```
(int)7.678              //把 7.678 转换成整数 7
(double)(10%3)          //把 10%3 所得结果 1 转换成双精度数
```

若整型变量 a=3，b=4，则表达式(float)a/(float)b 的结果为 0.75；若将表达式改成(float)(a/b)，则运算结果为 0.0。

> **注意**　（1）强制类型转换运算符和表达式都必须加括号（单个变量可以不加括号）。
> 　　（2）在强制类型转换时，取整类型转换不是按照四舍五入原则处理，而是只取整数部分数据，忽略小数部分。例如当 a=2.8 时，(int)a 的结果为整数部分 2。
> 　　（3）无论是强制转换或自动转换，都是为了本次运算的需要而对变量的数据长度进行的临时性转换，并不改变变量原有的数据类型和变量的值。例如单精度变量 a=2.8，（int）a 的结果为 2，但变量 a 的类型仍然是单精度类型，其值仍然是 2.8。

【例 2.17】强制类型转换符的使用。

```
#include <stdio.h>
int main()
{
    float x=45.2353;
    x=(int)(x*100+0.5)/100.0;
    printf("x=%.2f\n",x);
    return 0;
}
```

程序运行结果如图 2.16 所示。

语句"x=(int)(x*100+0.5)/100.0;"中用到了强制类型转换和自动转换。其中
"(int)(x*100+0.5)"的运算结果是 4 524，是整型，在除以 100.0 运算时，自动转换为
实型 4 524.0，所以结果为 45.24。该语句的作用是保留小数点后面的两位有效数字，并四舍五入。

`x=45.24`

图 2.16　程序运行结果

【例 2.18】强制类型转换。

```
#include <stdio.h>
int main()
{
    float f=9.76;
    printf("(int)f=%d,f=%f\n",(int)f,f);
    return 0;
}
```

程序运行结果如图 2.17 所示。

本例中，实型变量 f 虽然被强制转换为 int 型，但只在运算中起作用，是临时的，变量 f 的实型类型并不改变。因此，(int)f 的值为 9，而 f 的值仍为 9.76。

`(int)f=9,f=9.76000`

图 2.17　程序运行结果

2.3.5　几个特殊的运算符

1. 复合的赋值表达式

2-21：几个特殊的
运算符（1）

在赋值运算符之前加上其他运算符，可以构成复合赋值运算符。复合赋值运算符的优先级与赋值运算符的优先级相同，也具有右结合性。常用的复合赋值运算符有"+="" -="" *="" /="和" %="，使用规则如下。

（1）a+=x 相当于 a=a+x。

（2）a+=x−y 相当于 a=a+(x−y)。

（3）a−=x−y 相当于 a=a−(x−y)。

（4）a*=x−y 相当于 a=a*(x−y)。

（5）a/=x*y 相当于 a=a/(x*y)。

（6）a%=x 相当于 a=a%x。

2. 自增运算符（++）和自减运算符（−−）

自增运算符（++）和自减运算符（−−）是单目运算符，运算对象必须是变量，不能为表达式或常量。其原因是该运算符的功能是使变量的值增 1 或减 1，而常量是不能改变值的。

++i、i++、−−i、i−−都是合法的表达式。"++"和"−−"运算符既可以作为变量的前缀，又可以作为变量的后缀，相对于变量本身来说，都可以自增 1 或自减 1；相对于表达式来说，作用有区别。其使用规则如下。

（1）++i、−−i 表示变量在使用之前先自增 1、自减 1。

（2）i++、i−−表示变量在使用之后再自增 1、自减 1。

【例 2.19】自增、自减运算符的使用。

```
#include <stdio.h>
int main()
```

```
{
    int x=3,y=5,a,b;
    a=x++;        //相当于 a=x;x=x+1;，即先将 x 的值赋给 a，再将 x 的值增加 1。
    b=++y;        //相当于 y=y+1;b=y;，即先将 y 的值增加 1，再将 y 的新值赋值给 b。
    printf("x=%d,y=%d,a=%d,b=%d\n",x,y,a,b);
    return 0;
}
```

程序运行结果如图 2.18 所示。

"++" 和 "−−" 运算符具有右结合性。表达式−a++相当于−(a++)，而不是(−a)++。而且(−a)是表达式，不能作为 "++" 运算符的操作数。

x=4,y=6, a=3, b=6
图 2.18 程序运行结果

3. 逗号运算符

逗号运算符又称为顺序求值运算符。逗号运算是将多个表达式用逗号运算符(,)连接起来，组成逗号表达式。逗号表达式的一般形式为：

表达式 1,表达式 2,…,表达式 n

逗号运算符的结合性为从左到右，因此逗号表达式将从左到右进行运算。即首先计算表达式 1，然后计算表达式 2，依次进行，最后计算表达式 n。最后一个表达式的值就是此逗号表达式的值，如：

i=3,i++,++i,i+5

这个逗号表达式的值为 10，i 的值为 5。

逗号表达式主要用于单元 5 将会介绍的 for 循环语句中。在 C 语言所有运算符中，逗号运算符的优先级别最低。

2-22：几个特殊的运算符（2）

4. 求字节运算符

求字节运算符是单目运算符，用来返回其后的类型说明符或表达式所表示的数在内存中所占有的字节数。

语法结构：

sizeof(e)

其中，e 可以是任意类型的变量、类型名或表达式。

【例 2.20】字节运算符的使用举例。

```
#include <stdio.h>
int main()
{
    int a;
    printf("%d,%d",sizeof(a),sizeof(4+5));
    printf("%d,%d\n",sizeof(double),sizeof("string"));
    return 0;
}
```

程序运行结果如图 2.19 所示。

4,4,8,7
图 2.19 程序运行结果

【练一练】

（1）编程计算 $y=5x^2+4x-6$ 的值（其中 $x=5$）。

（2）写出下列程序的输出结果。

①_____。

```
#include <stdio.h>
int main()
{
    int x=5,y=15;
    x+=x;
    printf("%d\n",x);
    x*=4+3;
    printf("%d\n",x);
    x%=(y%2);
    printf("%d\n",x);
```

```
        return 0;
    }
    ②_____。
#include <stdio.h>
int main()
{
    int a,b,c,d;
    a=8;b=10;
    c=a++;
    d=++b;
    printf("%d,%d,%d,%d\n",a,b,c,d);
    return 0;
}
    ③_____。
#include <stdio.h>
int main()
{
    int m,n;
    float x=5.8;
    m=x;
    n=(int)x;
    printf("x=%f,m=%d,n=%d\n",x,m,n);
    return 0;
}
```

实例分析与实现

2-23：实例分析与
实现

　　1．假设某顾客买了3种商品，已知各商品的单价，现要求编写一段程序，用于实现当输入各种商品的购买数量后，输出顾客的应付价格总额。
　　分析：
　　（1）已知各商品的单价，为了可增加程序可读性，同时当商品调价时程序修改更简单，可以定义各种商品单价为符号常量。
　　（2）程序中需要声明的变量有各种商品的购买数量和应付价格总额。
　　（3）输入：商品购买数量 n。
　　（4）计算应付价格总额=price1*num1+price2*num2+price3*num3。
　　（5）输出应付价格总额 total。
　　程序代码如下。

```
#define price1 25.8
#define price2 3.4
#define price3 6
#include <stdio.h>
int main()
{
    int num1,num2,num3;
    float total;
    printf("请输入每种商品的购买数量: \n");
    scanf("%d,%d,%d",&num1,&num2,&num3);
    total=price1*num1+price2*num2+price3*num3;
    printf("应付金额为: %f\n",total);
    return 0;
}
```

程序运行结果如图2.20所示。

图 2.20　程序运行结果

观察运行结果，请大家思考以下两个问题。

（1）应付金额怎样保留两位小数？

（2）结果为什么不是 77.400000？

2．有如下定义，分析表达式"('a'+'b')*2+a*b-c/d"结果的数据类型，并计算表达式的值。

```
int a=6;
float b=3.4;
double c=10.0;
long int d=5;
```

分析：

（1）计算('a'+'b')时，先将'a'和'b'转换成整型数 97、98，计算结果为 195。

（2）计算 a*b 时，先将 a 和 b 都转换成双精度型，计算结果为 20.400000。

（3）计算 c/d 时，将 d 转换成双精度型，计算结果为 2.000000。

（4）('a'+'b')*2 结果为 390，再将 390 转换为双精度型，然后与 a*b 的结果相加，再减去 c/d 的结果。表达式计算结果为 408.400000。表达式结果类型为双精度型。

知识拓展　人工智能

人工智能（Artificial Intelligence，AI），是研究和开发用于模拟、延伸和扩展人的智能的理论，方法，技术，及应用系统的一门新的技术科学。

人工智能是计算机科学的一个分支，它企图了解智能的实质，并生产出一种新的能以与人类智能相似的方式做出反应的智能机器。该领域的研究包括机器人、语言识别、图像识别、自然语言处理和专家系统等。人工智能从诞生以来，理论和技术日益成熟，应用领域也不断扩大，可以设想，未来运用人工智能的科技产品，将会是人类智慧的"容器"。人工智能可以对人的意识、思维的信息过程进行模拟。人工智能不是人的智能，但能像人那样思考、也可能超过人的智能。

一般认为，人工智能的研究分两个方面：智能的理论基础、人工智能的实现。所以，人工智能研究涉及的基本内容总结为 9 个方面：认知建模、知识表示、知识推理、知识应用、机器感知、机器思维、机器学习、机器行为、智能系统构建。

1．认知建模、知识表示、知识推理是对人类智能模式的一种抽象

认知建模主要研究人类的思维方式、信息处理的过程、心理过程，以及人类的知觉、记忆、思考、学习、想象、概念、语言等相关的活动模式。知识表示，则是将人类已经掌握的知识概念化、形式化、模型化，其重要性在于，人类要想建立超越人的人工智能系统，就要把整个人类种群所掌握的知识灌输给它，从而让它在一定程度上可以在知识量方面超越任何一个人类个体。知识推理，则是研究人类如何利用已有的知识去推导出新的知识或结论的过程，从而可以让机器也具备像人一样的推理能力。

2．机器感知、机器思维、机器学习、机器行为是对人类智能的一种模拟实现

机器感知，研究的是如何使机器具有类似于人类的感觉，包括视觉、听觉、触觉、嗅觉、痛觉等。机器感知的研究要用到认知建模里面的知觉理论，而且需要能够提供相应知觉所需信息的传感器。举个例子，机器视觉具有视觉理论基础，同时还需要摄像头等传感器提供机器视觉所需要的图像数据。

机器思维，则是利用机器感知的信息、认知模型、知识表示和推理来有目标地处理感知信息和智能系统内部的信息，从而针对特定场景给出合适的判断，制定适宜的策略。机器思维，顾名思义就是在机器的"脑子"里进行的动态活动，也就是计算机软件里面能够动态地处理信息的算法。

机器学习，是与人类的学习相对应的。虽然有了知识并且可以基于已有知识去推理，但是机器也要像人一样不断地学习新的知识，从而更好地适应环境。机器学习研究的就是如何让机器在与人类、自然交互的过程中自发地学习新的知识，或者利用人类已有的文献数据资料进行知识学习。目前，人工智能研究和应用最广泛的内容就是机器学习，包括深度学习、强化学习等。

机器行为，是指智能系统具有的表达能力和行动能力，包括与人对话、与机器对话、描述场景、移动、操作机器和抓取物体等能力。而语音系统（音箱）、执行机构（电机、液压系统）等是机器行为的物质基础。智能系统要想具备行为能力，离不开机器感知和机器思维，思维是行为的基础。

3. 人工智能最终要构建拟人、类人、超越人的智能系统

拟人、类人、超越人是人工智能的三部曲，人类最终要用一种实用的方式将上述关于知识和机器的研究技术付诸实践。目前已有的人工智能系统的实现主要体现在机器人（仿人、仿生，如 Atlas 仿人机器人，BigDog 机器狗等）、无人系统（无人车、无人机、无人船）、人工大脑（IBM 沃森、阿尔法狗）等。

同步练习

一、选择题

1. 以下选项中，不正确的 C 语言浮点型常量是（   ）。

   A. 160.　　　　　　　B. 0.12　　　　　　　C. 2e4.2　　　　　　　D. 0.0

2. 以下选项中，不正确的 C 语言字符型常量是（   ）。

   A. 'a'　　　　　　　B. '\x41'　　　　　　C. '\101'　　　　　　D. "a"

3. 以下标识符合法的是（   ）。

   A. int　　　　　　　B. _a12　　　　　　　C. 3ce　　　　　　　D. stu#

4. 已知"int x=023"，则表达式++x 的值是（   ）。

   A. 17　　　　　　　B. 18　　　　　　　C. 19　　　　　　　D. 20

5. 已知"int x=7, y=3;"，则表达式 x/y 的值是（   ）。

   A. 1　　　　　　　B. 2　　　　　　　C. 2.333333　　　　　　D. 2.33

6. 已知"int x=10"，则表达式 x+=x-=x-x 的值是（   ）。

   A. 10　　　　　　　B. 40　　　　　　　C. 30　　　　　　　D. 20

7. 在 C 语言中，字符型数据在计算机内存中以字符的（   ）形式存储。

   A. 原码　　　　　　B. 反码　　　　　　C. ASCII 码　　　　　D. BCD 码

8. 若变量 x、i、j 和 k 都是 int 型变量，则计算下列表达式后，x 的值是（   ）。

   x=(i=4,j=16,k=32)

   A. 4　　　　　　　B. 16　　　　　　　C. 32　　　　　　　D. 52

9. 下列转义字符不正确的是（   ）。

   A. \\　　　　　　　B. \'　　　　　　　C. 074　　　　　　　D. \0

10. 若有代数式 $\frac{3ae}{bc}$，则下列 C 语言表达式不正确的是（   ）。

    A. a/b/c*e*3　　　B. 3*a*e/b/c　　　C. 3*a*e/b*c　　　D. a*e/c/b*3

11. 已知字母 A 的 ASCII 码为十进制数 65，且 C2 为字符型，则执行语句"C2='A'+'6'-'3';"后 C2 中的值是（   ）。

    A. D　　　　　　　B. 67　　　　　　　C. 不确定的值　　　　D. C

12. 字符串"ABC"在内存中占用的字节数是（   ）。

    A. 3　　　　　　　B. 4　　　　　　　C. 6　　　　　　　D. 8

13. 表达式 18/4*sqrt(4.0)/8 值的数据类型是（   ）。

A. int　　　　　　　　　B. float　　　　　　　　C. double　　　　　　D. 不确定

14. 若有说明语句 "char c='\72';"，则变量 c 在内存中占用的字节数是（　　　）。
　　A. 1　　　　　　　　　B. 2　　　　　　　　　C. 3　　　　　　　　D. 4

15. C 语言中，要求运算对象只能为整数的运算符是（　　　）。
　　A. %　　　　　　　　　B. /　　　　　　　　　C. >　　　　　　　　D. *

16. 若已定义 x 和 y 为 double 类型，且定义 x=1，则表达式 y=x+3/2 的值是（　　　）。
　　A. 1　　　　　　　　　B. 2　　　　　　　　　C. 2.0　　　　　　　D. 2.5

17. sizeof(double) 的结果值是（　　　）。
　　A. 8　　　　　　　　　B. 4　　　　　　　　　C. 2　　　　　　　　D. 出错

二、填空题

1. C 语言规定，标识符只能由_____、_____、_____ 3 种字符组成，而且第一个字母必须是_____或_____。

2. 若 x 和 n 都是 int 型变量，且 x 的初值为 12，n 的初值为 5，则计算表达式 x%=(n%=2) 后 x 的值为_____。

3. 在计算机中，字符的比较是对它们的_____数值进行比较。

4. 设 "float x=2.5, y=4.7; int a=7;"，则表达式 x+a%3*(int)(x+y)%2/4 的值为_____。

5. 求解赋值表达式 a=(b=10)%(c=6)，表达式值为_____，a、b、c 的值依次为_____、_____、_____。

6. 求解逗号表达式 "x=a=3,6*a"，表达式值为_____，x、a 的值依次为_____、_____。

7. 数学式 area=$\sqrt{s(s-a)(s-b)(s-c)}$ 的 C 语言表达式是_____。其中，s=(a+b+c)/2。

8. 空字符串的长度是_____。

9. C 语言中，数值常量 59、0123、0x9f 对应的十进制分别为_____、_____、_____。

10. 如果有 "int x=5, y; y=x++, ++x;"，则 y 的值是_____。

11. 若 m 是一个三位数，从左到右表示各位上的数字的表达式，则百位数为_____，十位数为_____，个位数为_____。

三、写出程序的运行结果

1. 以下程序段运行后的输出结果是_____。

```c
int main()
{
    int a=077;
    printf ("%d\n", --a);
    return 0;
}
```

2. 以下程序段运行后的输出结果是_____。

```c
int main()
{
    int a=2, b=3, c=4;
    a*=16+(b++)-(++c);
    printf("%d",a);
    return 0;
}
```

3. 以下程序段运行后的输出结果是_____。

```c
int main()
{
    int x=17,y=26;
    printf ("%d",y/=(x%=6));
    return 0;
}
```

4. 以下程序段运行后的输出结果是_____。

```c
int main()
{
    int i=010,j=10;
    pirntf ("%d,%d\n",i,j);
    return 0;
}
```

5. 以下程序段运行后的输出结果是_____。

```c
int main()
{
    char ch='x';
    int x;
    unsigned y;
    float z=0;
    x=ch-'z';
    y=x*x;
    z-=y/x;
    printf("ch=%c,x=%d,y=%u,z=%f",ch,x,y,z);
    return 0;
}
```

6. 以下程序段运行后的输出结果是_____。

```c
int main()
{
    int x=1234;
    char c1,c2,c3,c4;
    c1=x%10+'0';
    c2=x/10%10+'0';
    c3=x/100%10+'0';
    c4=x/1000+'0';
    printf("c1=%c,c2=%c,c3=%c,c4=%c",c1,c2,c3,c4);
    return 0;
}
```

7. 以下程序段运行后的输出结果是_____。

```c
int main()
{
    int a,b,c;
    a=b=c=1;
    printf("%d,%d,%d\n",a++,b,c);
    printf("%d,%d,%d\n",a,++b,c--);
    printf("%d,%d,%d\n",a,b,++c);
    return 0;
}
```

四、编程题

1. 设长方体的长为 2，宽为 2.3，高为 1.5，编程求该长方体的表面积和体积。

2. 编写一个程序，输入一个大写字母，将其转换为对应的小写字母并输出。

3. 编写程序，对于任意输入的两个整数，求商和余数。

4. 输入一个华氏温度，输出摄氏温度。公式为 $C=5\times(F-32)\div9$。其中，C 为摄氏温度，F 为华氏温度。输出要有文字说明，结果保留两位小数。

单元3
顺序结构

03

问题引入

人工智能是计算机科学的一个分支，是对人意识、思维的信息过程的模拟，该领域的研究包括机器人、语言识别、图像识别、自然语言处理和专家系统等。日常生活中的语音识别、图像识别、人脸识别、无人驾驶等都是人工智能的典型应用场景。那么，人工智能是如何完成这些功能的呢？人工智能技术有多种机器学习算法，应用算法来建立模型，对数据进行处理后进行输出。其中，人工神经网络算法是人工智能领域经典算法之一。人工神经网络是一种模拟大脑神经突触连接结构来处理信息的数学模型。人工神经网络可以用于分类问题，也可以用于预测问题，特别是预测非线性关系问题。

那么，人工神经网络是如何模拟人脑处理数据的呢？这个过程可概括为以下3个步骤。

第1步：数据输入。将需要程序处理的数据输入计算机。

第2步：数据处理。对输入的原始数据进行处理。

第3步：数据输出。通过屏幕显示等方式输出处理结果。

数据输入、数据处理和数据输出构成了一般意义上的顺序结构程序处理过程。顺序结构就是按照顺序由上到下依次执行程序中的各条语句，直至结束。那么我们如何描述计算机的处理过程呢？在数据的输入和输出环节，如何使用C语言进行描述呢？

【引例】小张去超市购物，买了10个本子和5支钢笔。每个本子售价3元，每支钢笔售价10元。问：小张总共花费了多少钱？

这是一道小学数学题，那么我们通过编程如何解决该问题呢？

请思考并回答以下两个问题。

问题1：输入商品数量和单价的C语句如何描述？

问题2：输出消费总额的C语句如何描述？

本单元学习任务

数据输入、数据处理和数据输出，构成了基本的顺序结构程序。本单元的学习任务如下。

1. 了解算法的含义，了解程序设计的3种基本程序结构及其流程图的绘制。
2. 学会使用字符输入函数getchar()和字符输出函数putchar()。
3. 学会使用格式化输入函数scanf()和格式化输出函数printf()。
4. 初步了解库函数的含义及使用方法。

知识描述

3.1 算法与结构化程序设计

算法（Algorithm）是解题方案的准确而完整的描述，是一系列解决问题的清晰指令。算法代表着用系统的方法描述解决问题的策略机制。也就是说，算法能够对一定规范的输入，在有限时间内获得所要求的输出。程序设计就是使用某种计算机语言，按照某种算法，编写程序的活动。

算法

3.1.1 什么是算法

1. 算法的概念

3-1：什么是算法

做任何事情都有一定的步骤。为解决一个问题而采取的方法和步骤，就称为算法。而计算机算法是指计算机能够执行的算法。

计算机算法可分为两大类。

（1）数值运算算法。主要用于解决难以处理或运算量大的一些数学问题，如求解微分方程等。

（2）非数值运算算法。如对非数值信息的排序、检索等，适用于事务管理领域。

【例3.1】 求 $1×2×3×4×5$ 的值。

最原始方法：

S1：先求 $1×2$，得到结果 2。

S2：将步骤 1 得到的结果 2 乘以 3，得到结果 6。

S3：将步骤 2 得到的结果 6 再乘以 4，得到结果 24。

S4：将步骤 3 得到的结果 24 再乘以 5，得到结果 120。

这样的算法虽然正确，但太烦琐。

改进的算法：

S1：使 $t=1$。

S2：使 $i=2$。

S3：使 $t×i$，乘积仍然放在变量 t 中，可表示为 $t×i→t$。

S4：使 i 的值+1，即 $i+1→i$。

S5：如果 $i≤5$，返回重新执行步骤 S3 以及其后的 S4 和 S5；否则，算法结束。

如果计算 100！只需将 S5 中的 $i≤5$ 改成 $i≤100$ 即可。

如果改求 $1×3×5×7×9×11$，算法也只需做很少的改动：

S1：$1→t$。

S2：$3→i$。

S3：$t×i→t$。

S4：$i+2→i$。

S5：若 $i≤11$，返回 S3，并顺序执行其后的 S4 和 S5；否则，结束。

该算法不仅准确，而且是较好的算法，用计算机实现循环较容易。

想一想：若将 S5 写成"S5：若 $i<11$，返回 S3，并顺序执行其后的 S4 和 S5；否则，结束。"，计算的结果是多少？

2. 算法的特性

一个算法应该具有以下 5 个特性。

（1）有穷性。一个算法应包含有限的操作步骤而不是无限的。

（2）确定性。算法中每一个步骤应当是确定的，而不是含糊的、模棱两可的。

（3）有零个或多个输入。

（4）有一个或多个输出。

（5）有效性。算法中每一个步骤应当能有效地执行，并得到确定的结果。

对于程序设计人员，必须会设计算法，并根据算法写出程序。

3.1.2 算法与流程图

1. 用流程图表示算法

用流程图表示算法，直观形象，易于理解。图 3.1 是流程图中各元素的表示方法。

【例 3.2】将例 3.1 求 5!的算法用流程图表示。

5!的算法流程如图 3.2 所示。

3-2：算法与流程图

图 3.1 流程图中各元素的表示方法

图 3.2 5!的算法流程图

2. 3 种基本结构和改进的流程图

3 种基本结构的流程图如图 3.3～图 3.5 所示。

（1）顺序结构。

（2）选择结构。

（3）循环结构。

图 3.3 顺序结构流程图

图 3.4 选择结构流程图

图 3.5　循环结构流程图

3 种基本结构的共同特点如下。

- 只有一个入口。
- 只有一个出口。
- 结构内的每一部分都有机会被执行到。
- 结构内不存在"死循环"。

3. 用 N-S 流程图表示算法

1973 年，美国学者提出了一种新型流程图——N-S 流程图。3 种基本程序设计结构的 N-S 流程图如图 3.6～图 3.8 所示。

（1）顺序结构。

（2）选择结构。

（3）循环结构。

图 3.6　顺序结构 N-S 流程图　　图 3.7　选择结构 N-S 流程图

图 3.8　循环结构 N-S 流程图

【例 3.3】将求 5!的算法用 N-S 流程图表示。

5!的算法 N-S 流程图如图 3.9 所示。

图 3.9　5!的算法 N-S 流程图

3.1.3　结构化程序设计及原则

3-3：结构化程序
设计及原则

1. 结构化程序设计

结构化程序设计（Structured Programming）概念最早由迪杰斯特拉在 1965 年提出，是软件发展的一个重要的里程碑。结构化程序设计主要强调的是程序的易读性，它的主要观点是一个程序的任何逻辑问题都可由顺序、选择、循环 3 种基本控制结构构造。结构化程序设计的特点是结构化程序中的任意基本结构都具有唯一入口和唯一出口，并且程序不会出现死循环。在程序的静态形式与动态执行流程之间具有良好的对应关系。按照结构化程序设计的观点，任何算法功能都可以是 3 种基本程序结构的组合。

在 C 语言中，每一个程序设计单元可采用结构化程序设计的方法，有 3 种基本的程序结构。

（1）顺序结构。

顺序结构指算法的实现过程按照相应的步骤依次顺序执行，直至结束，如图 3.3 所示。顺序结构是最简单的一种程序结构。

（2）选择结构。

选择结构又称为分支结构，此结构中必包含一个判断条件，根据判断结果从两种或多种路径中选择其中的一条执行，如图 3.4 所示。

（3）循环结构。

循环结构又称重复结构，其含义是当循环条件允许时，反复执行某些语句，直到循环条件不成立为止，如图 3.5 所示。

一个结构化的算法是由顺序结构、选择结构、循环结构等基本结构组成的。3 种基本程序结构的应用并不是孤立的，而是交织在一起的。另外，算法的设计与软件开发语言具有无关性。在后续单元中，我们会分别讲述 C 语言环境中如何描述 3 种基本的程序结构。

2. 程序设计原则

（1）自顶向下。

程序设计时，应先考虑总体，后考虑细节；先考虑全局目标，后考虑局部目标。不要一开始就过多追求细节，先从最上层总目标开始设计，逐步使问题具体化。

（2）逐步细化。

对复杂问题，应设计一些子目标作为过渡，逐步细化。

（3）模块化设计。

一个复杂问题，肯定是由若干稍简单的问题构成的。模块化是把程序要解决的总目标分解为子目标，再进一步分解为具体的小目标。把每一个小目标称为一个模块。

（4）限制使用 goto 语句。

goto 语句是无条件转移语句，能够使流程转移到相应标号所在的语句，并从该语句继续执行。要注意 goto 语句会使程序结构性和可读性变差。限制 goto 语句的使用，程序更易于理解、易于排错、易于维护、易于进行正确性证明。

结构化程序设计减少了程序的复杂性，提高了可靠性、可测试性和可维护性。对于初学计算机编程的人而言，最重要的就是要有正确的程序流程概念，不仅懂得程序流程还要灵活应用它，要使用流程控制语句实现结构化程序设计。

3.2 C 语言语句

C 程序的基本组成单位是函数。其中有些函数是 C 语言的库函数，有些则是用户自定义的函数。这些函数可以出现在同一源文件中，也可以出现在多个源文件中，但最后总是编译连接成一个可执行 C 程序（.exe）。

主函数是 C 程序运行的起点，所以主函数必须唯一，其函数名固定为 main。C 程序由一个或多个函数组成，其中有且仅有一个主函数 main。最简单的 C 程序只有一个函数，即主函数。C 程序的基本组成如图 3.10 所示。

3-4：C 语句的分类

C 程序的基本组成单位是函数，而函数由语句构成。所以说，语句是 C 程序的基本组成成分。语句能完成特定操作，语句的有机组合能实现指定的计算处理功能。语句最后必须有一个分号，分号是 C 语句的组成部分。

C 语句可以分为以下 5 类。

（1）表达式语句。

图 3.10 C 程序的组成

运算符、常量、变量等可以组成表达式。表达式语句由一个表达式加一个分号构成。其一般形式为：

```
表达式;
```

执行表达式语句就是计算表达式的值。最典型的是由赋值表达式构成一个赋值语句。例如：

```
a=5
```

是一个赋值表达式，而

```
a=5;
```

是一个赋值语句。分号是语句中不可缺少的组成部分，而不是两个语句间的分隔符号。例如：

```
x=y+z;    //是赋值语句。
y+z;      //是加法运算语句，但计算结果不能保留，无实际意义。
i++;      //是自增1语句，i值增1。
```

（2）流程控制语句。

C语言中流程控制语句有3类，共9种语句。

① 选择语句。选择语句有if语句和switch语句两种。

例如：

```
if( a>b )
    max=a;
else
    max=b;
```

该语句表示：如果a>b条件成立，则max取a的值，否则max取b的值。在a>b条件的控制下，出现两个可能的分支流程。而switch语句能实现多个分支流程，详见单元4的内容。

② 循环语句。循环语句有for、while和do_while 3种。当循环语句的循环控制条件为真时，反复执行指定操作。

如：

```
for( i=1; i<10; i++ )
    printf (" %d ", i );
```

i从1开始，每次加1，只要i<10就输出i的值，因此i=1,2,3,…,9，共循环9次，输出：

```
1 2 3 4 5 6 7 8 9
```

上述功能还可以用while语句和do_while语句实现，详见单元5的内容。

③ 转移语句。转移语句有break、continue、return和goto 4种。它们都能改变程序原来的执行顺序并转移到其他位置继续执行。例如，循环语句中 break 语句终止该循环语句的执行；而循环语句中的continue语句只结束本次循环并开始下次循环；return语句用来从被调函数返回主调函数并带回函数的运算结果；goto语句可以无条件转向任何指定的位置执行。

（3）函数调用语句。

函数调用语句由一个函数调用加一个分号构成，例如：

```
printf(" This is a C statement. ");
```

（4）复合语句。

用一对大括号括起一条或多条语句，称为复合语句。无论复合语句的一对大括号中有多少语句，复合语句都只视为一条语句。例如，{ t=a; a=b; b=t; } 是复合语句，是一条语句。所以执行复合语句实际是执行该复合语句一对大括号中所有的语句。

> **小提示**　复合语句的"}"后面不能出现分号，而"}"前复合语句中最后一条语句的分号不能省略。如以下两条语句均是错误的复合语句。
>
> ```
> { t=a;a=b;b=t; };
> { t=a; a=b;b=t }
> ```

（5）空语句。

空语句由一个分号组成，它表示什么操作也不做。从语法上讲，它是一条语句。在程序设计中，若某处从语法上需要一条语句，而实际上不需要执行任何操作时就可以使用空语句。

C 语言允许一行写几个语句，也允许一个语句拆开写在几行上，书写格式无固定要求。

3.3　字符输入与输出

输入/输出是以计算机为主体而言的。一般 C 程序总体可以分成 3 部分：输入原始数据部分、计算处理部分和输出结果部分。其他高级语言均提供了输入和输出语句，而 C 语言无输入/输出语句。为了实现输入和输出功能，在 C 语言的库函数中提供了一组输入/输出函数。

> **小提示**　在使用 C 语言库函数时，要用预编译命令"#include"将有关"头文件"包含到源文件中。使用标准输入/输出库函数时要用到"stdio.h"文件，因此源文件开头应有以下预编译命令：
>
> ```
> #include<stdio.h>      或      #include"stdio.h"
> ```

3.3.1　字符输入函数

字符输入函数 getchar()的功能是从键盘上输入一个字符。getchar()函数没有参数，其一般形式为：

```
getchar();
```

通常把输入的字符赋给一个字符变量，构成赋值语句，如：

```
char c;
c=getchar();
```

3-5：字符输入函数

【例 3.4】输入单个字符。

```
#include<stdio.h>
 int main()
{
  char c;
  printf("input a character\n");
  c=getchar();
  printf("%c",c);
  return 0;
}
```

程序运行结果如图 3.11 所示。

```
input a character
A
A
```

图 3.11　程序运行结果

其中，程序倒数第 2、3 行可用下面这行代码代替。

```
printf("%c",getchar());
```

> **小提示**　使用 getchar()函数时还应注意：getchar()函数只能接收单个字符，输入数字也按字符处理。输入多于一个字符时，只接收第一个字符。

【练一练】

由键盘输入一个字符，输出这个字符及其前一个和后一个字符。

3.3.2 字符输出函数

putchar()函数是字符输出函数，其功能是在显示器上输出单个字符。其一般形式为：

```
putchar(c)
```

3-6：字符输出函数

其中，c可以是被单引号引起来的单个字符，可以是介于0~127的一个十进制整型数，也可以是一个字符型变量。

例如：

```
putchar('A');               /*输出大写字母A*/
putchar(x);                 /*输出字符变量x的值*/
putchar('\101');            /*也是输出字符A*/
```

【例3.5】 输出字符。

```
#include<stdio.h>
int main()
{
    char a='B',b='o',c='k';
    putchar(a);putchar(b);putchar(b);putchar(c);putchar('\t');
    putchar(a);putchar(b);
    putchar('\n');
    putchar(b);putchar(c);
    return 0;
}
```

程序运行结果如图3.12所示。

用putchar()函数可以输出能在屏幕上显示的字符，也可以输出控制字符。如putchar('\n')的作用是输出一个换行符，使输出的当前位置移到下一行的开头；putchar('\t')的作用是跳转制表域，在下一个制表域进行输出。当然，putchar()函数也可以输出其他转义字符，例如：

```
Book    Bo
ok
```

图3.12 程序运行结果

```
putchar('\\')        /*输出字符\ */
putchar('\'')        /*输出字符' */
putchar('\015')      /*输出回车，不换行，使输出的当前位置移到本行开头*/
```

【练一练】

分析并写出以下程序的运行结果_____。

```
#include <stdio.h>
int main()
{
    char a,b;
    a='C';
    b='J';
    putchar(a);
    putchar('\t');
    putchar(b);
    putchar('\n');
    return 0;
}
```

3.4 格式化输入与输出

在日常应用中，除了要对字符进行输入/输出操作外，还需对数据进行输入/输出操作，有时甚至需要按照指定的格式进行输入或输出。在C语言的输入/输出库函数中，除了字符的输入/输出函数外，还提供了格式化输入与输出函数，以便于数据按照输入/输出函数中指定的格式在屏幕中显示。

3.4.1 格式化输入函数

1. 格式化输入函数 scanf()

scanf()函数的作业是根据特定的格式读取用户输入。其一般格式如下：

```
Scanf (格式控制字符串, 地址列表)
```

其中，格式控制字符串的作用是定义用户输入数据的格式，包含格式字符和非格式字符。

例如：&a、&b 分别表示变量 a 和变量 b 的地址。

3-7：scanf()函数的使用

这个地址就是编译系统在内存中给 a、b 变量分配的地址。在 C 语言中，使用了地址这个概念，这是与其他语言不同的。应该把变量的值和变量的地址这两个不同的概念区别开来。变量的地址是 C 编译系统分配的，用户不必关心具体的地址是多少。

在赋值表达式中给变量赋值，如：

```
a=567
```

则 a 为变量名，567 是变量的值，&a 是变量 a 的地址。

但在赋值号左边是变量名，不能写地址，而 scanf 函数在本质上也是给变量赋值，但要求写变量的地址，如&a。这两者在形式上是不同的。&是一个取地址运算符，&a 是一个表达式，其功能是求变量 a 的地址。

【例 3.6】用 scanf()函数输入数据。

```c
#include <stdio.h>
int main()
{
  int a,b,c;
  printf("input a,b,c\n");             //输出提示语句
  scanf("%d%d%d",&a,&b,&c);            //从键盘接收 3 个数分别赋值给变量 a、b、c
  printf("a=%d,b=%d,c=%d",a,b,c);      //输出变量的值
  return 0;
}
```

程序运行结果如图 3.13 所示。

在本例中，由于 scanf 函数本身不能显示提示串，故先用 printf 语句在屏幕上输出提示。在 scanf 语句的格式串中由于没有非格式字符在 "%d%d%d" 之间作输入时的间隔，因此在输入时要用一个以上的空格、回车或 Tab 作为每两个输入数之间的间隔。例如下面的输入均合法。

① 7 8 9

② 7

　 8

　 9

③ 7（按 Tab 键）8（按 Tab 键）9

需要注意的是，当用"%d%d%d"格式输入数据时，不能用逗号作为两个输入数据间的分隔符。例如，图 3.14 所示的输入不合法。

```
input a,b,c
7 8 9
a=7,b=8,c=9
```

图 3.13　程序运行结果

```
input a,b,c
7,8,9
a=7,b=1,c=0
```

图 3.14　输入不合法

2. 格式说明

格式字符串的一般形式为：

%[*] [输入数据宽度] [长度] 类型

其中，有方括号的项为任选项，类型表示输入数据的类型。其格式字符和意义如表 3.1 和表 3.2 所示。

3-8：scanf()函数常用的格式控制字符

表 3.1　scanf()函数的格式控制字符

格式字符	说明
d, i	用来输入有符号的十进制整数
u	用来输入无符号的十进制整数
o	用来输入无符号的八进制整数
x, X	用来输入无符号的十六进制整数
c	用来输入单个字符
s	用来输入字符串，将字符串送到一个字符数组中。在输入时以非空白字符开始，以第一个空白字符结束。字符串以串结束标志'\0'作为其最后一个字符
f	用来输入实数，可以用小数形式或指数形式输入
e, E, g, G	与 f 作用相同，e 与 f、g 可以互相替换

表 3.2　scanf()函数的附加格式说明字符

字符	功能说明
l	用于输入长整型数据以及双精度型数据
h	用于输入短整型数据
域宽	指定输入数据所占宽度；域宽应为正整数
*	表示本输入项在读入后不赋给相应的变量

小提示　（1）对 unsigned 型变量所需的数据，可以用%u、%d 或%o、%x 格式输入。

（2）可以指定输入数据所占的列数，系统自动按它截取所需数据。例如：

```
scanf("%3d%3d",&a,&b);
```

输入：123456

系统自动将 123 赋给变量 *a*，456 赋给变量 *b*。此方法也可用于字符型数据的输入。

```
scanf("%3c",&ch);
```

如果从键盘连续输入 3 个字符 "abc"，由于 ch 只能容纳一个字符，系统就把第一个字符'a'赋给字符变量 ch。

（3）如果在%后有一个 "*" 附加说明符，表示跳过它指定的列数。例如：

```
scanf("%2d  %*3d  %2d",&a,&b);
```

如果输入如下信息：

```
12  345  67
```

系统会将 12 赋给整型变量 *a*。%*3d 表示读入 3 位整数但不赋给任何变量。再读入 2 位整数 67 赋给整型变量 *b*。也就是说第 2 个数据 "345" 被跳过。在利用现成的一批数据时，有时不需要其中某些数据，可以用此方法来 "跳过" 它们。

（4）输入数据时不能规定精度。例如以下函数定义是不合法的。

```
scanf("%7.2f",&a);
```

在使用 scanf() 函数时还须注意以下几点。

（1）scanf 中要求给出变量地址，如给出变量名则会出错。如"scanf("%d",a);"是非法的，应改为"scanf("%d",&a);"。

3-9：scanf() 函数
的注意事项

（2）在输入多个数值数据时，若格式控制串中没有非格式字符作输入数据之间的间隔，则可用空格、Tab 或回车作间隔。C 编译在碰到空格、Tab、回车或非法数据（如对"%d"输入"12A"时，A 即为非法数据）时即认为该数据结束。

（3）在输入字符数据时，若格式控制串中无非格式字符，则认为所有输入的字符均为有效字符。

例如：

```
scanf("%c%c%c",&a,&b,&c);
```

输入 d␣e␣f，则把'd'赋给 a，␣赋给 b，'e'赋予 c。只有当输入为 def 时，才能把'd'赋给 a，'e'赋给 b，'f'赋给 c。

（4）如果在格式控制字符串中加入空格作为间隔，如：

```
scanf ("%c %c %c",&a,&b,&c);
```

则输入时各数据之间可加空格。

【例 3.7】格式输入字符举例。

```
#include <stdio.h>
int main()
{
    char a,b;
    printf("input character a,b\n");
    scanf("%c%c",&a,&b);
    printf("%c%c\n",a,b);
    return 0;
}
```

由于 scanf() 函数的控制字符"%c%c"中没有空格，输入 M␣N，输出结果只有 M。

程序运行结果如图 3.15 所示。

而输入改为 MN 时则可正确输出 MN 两个字符。程序运行结果如图 3.16 所示。

```
input character a,b
M N
M
```
图 3.15　输入 M␣N 时程序运行结果

```
input character a,b
MN
MN
```
图 3.16　输入为 MN 时程序运行结果

（5）如果格式控制字符串中有非格式字符，则输入时也要输入该非格式字符。

例如：

```
scanf("%d,%d,%d",&a,&b,&c);
```

其中用非格式符","作间隔符，故输入时应为：

```
5,6,7
```

又如：

```
scanf("a=%d,b=%d,c=%d",&a,&b,&c);
```

则输入应为：

```
a=5,b=6,c=7
```

（6）如输入的数据与输出的类型不一致时，虽然编译能够通过，但结果将不正确。

【例 3.8】编写程序，将 123.321 赋值给变量 a，将 456.654 赋值给变量 b，求 a、b 的和与商。

分析：

（1）定义浮点型变量 a 和 b。

（2）键盘输入值分别赋值给 a 和 b。

（3）输出"a+b"和"a/b"的值。

程序流程图如图 3.17 所示。

程序代码：

```
#include <stdio.h>
int  main()
{
    float a,b;
    printf("a、b 的值: ");
    scanf("%f,%f",&a,&b);
    printf("a+b=%f,a/b=%f",a+b,a/b);
    return 0;
}
```

图 3.17 例 3.8 程序流程图

程序运行结果如图 3.18 所示。

```
a、b的值：123.321,456.654
a+b=579.974976,a/b=0.270053
```

图 3.18 程序运行结果

想一想，要想得到正确的运算结果，应如何修改？

【例 3.9】模拟 ATM 机取款操作，要求输入取款金额，输出"正在出钞…"提示。

分析：ATM 机在取款时，需要用户输入取款金额，应使用格式化输入函数完成。提示"正在出钞…"操作使用格式化输出函数完成。

程序流程图如图 3.19 所示。

程序代码：

```
#include <stdio.h>
int main()
{
    int a;
    printf("请输入取款金额: ");
    scanf("%d",&a);
    printf("您的取款金额为%d元，正在出钞，请稍候…",a);
    return 0;
}
```

程序运行结果如图 3.20 所示。

图 3.19 例 3.9 程序流程图

```
请输入取款金额：2000
您的取款金额为2000元，正在出钞，请稍候…
```

图 3.20 程序运行结果

【练一练】

（1）用下面的 scanf() 函数输入数据，使 $a=5$，$b=3$，$c='c'$，$d='A'$，$e=1.2$，$f=3.4$，在键盘上应输

入_____。

```
#include <stdio.h>
int main()
{
  int a,b;
  char c,d;
  float e,f;
  scanf("%d,%d",&a,&b);
  scanf("%c %c",&c,&d);
  scanf("e=%f,f=%f",&e,&f);
  printf("a=%d,b=%d,c=%c,d=%c, e=%f,f=%f ",a,b,c,d,e,f);
  return 0;
}
```

（2）"鸡兔同笼"趣味数学问题：有若干只鸡、兔同在一个笼子里，有 35 个头，有 94 只脚，问笼中各有几只兔和几只鸡？编程解答。

3.4.2　格式化输出函数

在前面的例子中已经用到了 printf()函数，它的作用是向终端（或系统隐含指定的输出设备）输出若干个任意类型的数据。

3-10：printf()函数
的使用

1. 格式化输出函数 printf()

Printf()函数的调用形式：

printf(格式控制字符串, 输出项表)

功能：按格式控制字符串中的格式依次输出"输出项表"中的各输出项。

说明：格式控制字符串用来说明"输出项表"中各输出项的输出格式。输出项表列出要输出的项（常量、变量或表达式），各输出项之间用逗号分隔。若输出项表不出现，且格式字符串中不含格式信息，则输出的是格式字符串本身。因此实际调用时有以下两种形式。

形式 1：printf(字符串);

功能：按原样输出字符串。

例如：printf("How are you\n");

输出：How are you 并换行。

形式 2：printf(格式控制字符串,输出项表);

功能：按格式控制字符串中的格式依次输出项表中的各输出项。

例如：printf("r=%d,s=%f\n",2,3.14*2*2);

输出：$r=2$, $s=12.560000$。用格式%d 输出整数 2，用%f 输出 3.14*2*2 的值 12.56。%f 格式要求输出 6 位小数，故在 12.56 后面补 4 个 0。其中，"r=" ","和 "s=" 不是格式符，按原样输出。

2. 格式字符串

格式字符串中有以下两类字符。

（1）非格式字符。

非格式字符（或称普通字符）一律按原样输出。如：上例中的"r="和"s="等。

（2）格式字符。

格式字符的形式：%[附加格式说明符] 格式字符

例如：%d，%10.2f 等。

在输出时，对不同类型的数据要使用不同的格式字符。常用的有以下几种格式字符。

3-11：printf()函数
常用的格式控制
字符（1）

① d 格式字符。d 格式字符用来输出十进制整数，有表 3.3 所示的几种用法。

表 3.3　d 格式字符

格式字符	功能	举例
%d	按十进制整型数据的实际长度输出	int a =5; printf ("%d",a);的输出结果为 5
%md	m 为指定的输出字段的宽度。如果数据的位数小于 m，则左端补以空格；若大于 m，则按实际位数输出	printf("%4d,%4d",a,b); 若 a=123，b=12345，则输出结果为 ⊔123,12345
%ld	输出长整型数据	long a=123456; printf("%8ld",a);的 输出结果为：⊔ ⊔ ⊔123456

②　o 格式字符。以八进制整数形式输出。由于是将内存单元中的各位的值按八进制整数形式输出，因此输出的数值不带符号，即将符号位也一起作为八进制数的一部分输出。例如：

```
int a=-1;
printf("%d,%c",a,a);
```
　　－1 在内存单元中的存放形式（以补码形式存放）为：

1	1 1 1 1 1 1 1 1 1 1 1 1 1 1 1 1 1 1 1 1 1 1 1 1 1 1 1 1 1 1 1

输出结果为：－1,37777777777

③　x 格式字符。以十六进制数形式输出整数。同样不会出现负的十六进制数。例如：

```
int a=-1;
printf("%x,%o,%d",a,a,a);
```
输出结果为：ffffffff,37777777777,-1

④　c 格式字符。用来输出一个字符。例如：

```
char c='a';
printf("%c",c);
```
输出结果为：a

> **小提示**　一个整数，只要它的值在 0～255 范围内，也可以用"%c"使之按字符形式输出，在输出前，系统会将该整数作为 ASCII 码转换成相应的字符；反之，一个字符数据也可以用整数形式输出。

printf()函数

【例 3.10】 用 printf()函数输出数据。

```
#include <stdio.h>
int main()
{
  int a=88,b=89;
  printf("%d %d\n",a,b);
  printf("%d,%d\n",a,b);          // "," 为非格式字符，原样输出
  printf("%c,%c\n",a,b);
  printf("a=%d,b=%d",a,b);        // "a=" 和 "b=" 为非格式字符，原样输出
  return 0;
}
```

程序运行结果如图 3.21 所示。

图 3.21　程序运行结果

3-12：printf()函数常用的格式控制字符（2）

⑤　s 格式字符。用来输出一个字符串，有表 3.4 所示的几种用法。

表 3.4　s 格式字符

格式字符	功能
%s	输出一个字符串
%ms	输出的字符串占 m 列。如字符串本身长度大于 m，则突破 m 的限制，将字符串全部输出；若串长小于 m，则左补空格
%-ms	如果字符串长度小于 m，则在 m 列范围内，字符串向左靠，右补空格
%m.ns	输出占 m 列，但只取字符串中左端 n 个字符。这 n 个字符输出在 m 列的右侧，左补空格
%-m.ns	m、n 含义同上，n 个字符输出在 m 列范围内的左侧，右补空格。如果 $n>m$，则 m 自动取 n 值，即保证 n 个字符正常输出

【例 3.11】s 格式字符的使用。

```
#include <stdio.h>
int main()
{
  printf("%3s,%7.2s,%.4s,%-5.3s\n","CHINA","CHINA","CHINA","CHINA");
  return 0;
}
```

程序运行结果如图 3.22 所示。

⑥ f 格式字符。用来输出实数（包括单、双精度），以小数形式输出，主要有表 3.5 所示的几种用法。

图 3.22　程序运行结果

表 3.5　f 格式字符

格式字符	功能
%f	不指定字段宽度，由系统自动指定，整数部分全部输出，并输出 6 位小数
%m.nf	指定输出的数据共占 m 列，其中有 n 位小数。如果数值长度小于 m，则左补空格
%-m.nf	与 %m.nf 基本相同，只是使输出的数值向左端靠齐，右端补空格
%lf	用于输出双精度类型数据

【例 3.12】f 格式字符的使用。

```
#include <stdio.h>
int main()
{
  float x,y;
  x=111111.111; y=222222.222;
  printf("%f\n",x+y);
  return 0;
}
```

程序运行结果如图 3.23 所示。

可以看出，输出结果并非正确的运算值，这是因为 float 是单精度类型，只能表示 7 个有效位，所以本例中也是如此，只把 111111.1、222222.2 赋值给 x，y。将变量 x、y 的类型定义为 double 类型，输出格式符改为 "%lf"，即可得到正确的运算值。

图 3.23　程序运行结果

【例 3.13】输出实数时指定小数位数。

```
#include <stdio.h>
int main()
{
  float f=123.456;
  printf("%f  %10f  %10.2f  %.2f  %-10.2f\n",f,f,f,f,f) ;
```

51

```
    return 0;
}
```

程序运行结果如图 3.24 所示。

```
123.456001   123.456001        123.46  123.46  123.46
```

图 3.24　程序运行结果

需要注意的是，当采用%f格式输出时，小数点后要保留 6 位。由于 float 类型的精度问题，输出结果往往由 123.456000 变成 123.456001，这个 1 属于随机误差部分，是精度问题造成的。如果将 *f* 改为 double 类型，输出结果即为 123.456000。

【例 3.14】求半径为 10 的圆的周长和面积。

分析：

（1）定义圆半径 *r*，圆周率可定义为符号常量 PI，定义圆周长变量 cirl 和面积变量 area。

（2）根据圆周长和面积公式计算 cirl 和 area 的值。

（3）输出计算结果。

程序流程图如图 3.25 所示。

程序代码：

```
#include "stdio.h"
#define PI 3.14159
int main()
{
    float r,cirl,area;
    r=10;
    cirl=2*PI*r;
    area=PI*r*r;
    printf("cirl=%f,area=%f",cirl,area);
    return 0;
}
```

图 3.25　例 3.14 程序流程图

程序运行结果如图 3.26 所示。

```
cirl=62.831799,area=314.158997
```

图 3.26　程序运行结果

以上介绍了 printf()函数常用的 6 种格式字符，其常用格式字符及其功能归纳如表 3.6 所示。

表 3.6　printf()函数常用的格式字符

格式字符	说明
d，i	以带符号的十进制形式输出整数
o	以八进制无符号形式输出整数
x，X	以十六进制无符号形式输出整数。用 x，则输出十六进制数的 a～f 时以小写形式输出；用 X，则以大写字母输出
u	以无符号十进制形式输出整数
c	以字符形式输出，只输出一个字符
s	输出字符串
f，lf	以小数形式输出单、双精度数，隐含输出 6 位小数
e，E	以指数形式输出实数

【练一练】

（1）写出以下程序的输出结果_____。

```c
#include <stdio.h>
int main()
{
  int a=9;
  float b=1.234;
  char c='a';
  long d=1234567;
  unsigned e=95533;
  printf("a=%d,b=%3d\n",a,a);
  printf("%f,%e\n",b,b);
  printf("%-10f,%10.2e\n",b,b);
  printf("%c,%d,%o,%x\n",c,c,c,c);
  printf("%ld,%lo,%lx\n",d,d,d);
  printf("%u,%o,%x,%d\n",e,e,e,e);
  printf("%5.3s\n","hello");
  return 0;
}
```

（2）编写程序，输入一个 3 位整数，输出各位数字的和。例如，若输入 345，则输出 12。

实例分析与实现

1. 从键盘输入圆的半径 r 以及圆柱的高 h，求圆周长、圆面积、圆球表面积、圆球体积和圆柱体积。输出时要求有文字说明，取小数点后 2 位数字。

分析：

（1）定义两个浮点型变量。

（2）根据提示输入半径 r 和圆柱高 h 的值。

（3）根据计算公式，输出圆周长、圆面积、圆球表面积、圆球体积、圆柱体积。

（4）结果保留两位小数，每个结果后换行。

程序流程图如图 3.27 所示。

3-13: 实例分析与实现

程序代码：

```c
#include <stdio.h>
#define PI 3.1415
int main()
{
  float r,h
  printf("请输入圆半径和圆柱的高，如: 1.5,3\n");
  scanf("%f,%f",&r,&h);
  printf("圆周长=%.2f\n",2*PI*r);
  printf("圆的面积=%.2f\n",PI*r*r);
  printf("圆球表面积=%.2f\n",4*PI*r*r);
  printf("圆球体积=%.2f\n",(4.0/3)*PI*r*r*r);
  printf("圆柱体积=%.2f\n",PI*r*r*h);
  return 0;
}
```

程序运行结果如图 3.28 所示。

2. 从键盘输入一个小写字母，把小写字母转换成大写字母进行输出。

分析：

（1）定义字符型变量 c1 和 c2。

（2）小写字母与其对应的大写字母可通过计算 ASCII 值得到。

（3）输出对应的大写字母。

程序流程图如图 3.29 所示。

图 3.27　程序流程图　　　　图 3.28　程序运行结果　　　　图 3.29　程序流程图

程序代码：

```
#include <stdio.h>
int main()
{
  char c1,c2;     //c1 存放小写字母，c2 存放对应的大写字母
  printf("输入一个小写字母: ");
  c1=getchar();
  c2=c1-32;
  putchar(c2);
  return 0;
}
```

程序运行结果如图 3.30 所示。

图 3.30　程序运行结果

知识拓展　C 程序代码编写规范

　　一个好的程序编写规范是编写高质量程序的保证。编写规范、清晰的源程序不仅方便阅读，还便于检查错误，提高调试效率，从而最终保证程序的质量和可维护性。对于初学者而言，更要遵循编码规范，以培养良好的职业素养。以下是一些基本的代码编写规范。

1. 代码书写规范

（1）函数定义。

　　每个函数的定义和说明应该从第 1 列开始书写。函数名（包括参数表）和函数体的大括号应该各占一行。在函数体结尾的括号后面可以加上注释。注释中应该包括函数名，这样比较方便进行括号配对检

查，也可以清晰地看出函数是否结束。

（2）缩进的设置。

根据语句间的层次关系采用缩进格式书写程序，每进一层，往后缩进一层。有两种缩进方式：使用 Tab 键和采用 4 个空格。整个文件内部应该统一，不要混用这两种方法。因为不同的编辑器对 Tab 键的处理方法不同。

（3）空格的使用。

① 在逗号后面和语句中间的分号后面加空格，如"int i, j;"和 for (i=0; i<n; i++)。

② 在二目运算符的两边各留一个空格，如 a>b 写成 a > b。

③ 关键字两侧，如"if ( ) …"要写成" if ( ) …"。

（4）嵌套语句的格式。

嵌套式的语句，即语句块（如 if、while、for、switch 等）应该包括在大括号中。大括号的左括号应该独占一行，并与关键字对齐。建议即使语句块中只有一条语句，也使用大括号，这样可以使程序结构更清晰，也可避免出错。建议对比较长的程序块，在末尾的大括号后加上注释，以表明该语句块结束。

2. 命名规范

（1）常量命名。

① 符号常量的命名用大写字母表示，如#define PI 3.14。

② 如果符号常量由多个单词构成，两个不同的单词之间可以用下划线连接，如 #define MAX_LEN 10。

（2）变量和函数命名。

① 可以选择有意义的英语组成变量名，以便读者见名知义。

② 如果使用缩写，尽量使用那些约定俗成的。

③ 对于初学者，函数命名可以采用 FunctionName 的命名方式。

3. 注释书写规范

注释必须做到清晰，准确地描述内容。对于程序中复杂的部分需加注释。注释量也要适中，过多或过少都易导致阅读困难。总体来说，需要注释的场合主要有以下几种。

- 如果变量的名字不能完全说明其用途。
- 如果为了提高性能而使某些代码变得难懂。
- 一个比较长的程序段落。
- 如果程序中使用了某个复杂的算法。
- 如果在调试中发现某段落容易出现错误。

4. 其他一些小技巧和要求

（1）源程序中，除了字符串信息和注释外，代码要使用英文符号。

（2）函数定义需包含返回值类型，若没有返回值，则用 void。

（3）指针变量总是要初始化或赋值为 NULL。

以上介绍的这些适用于初学者的基本代码编写规范，希望大家在学习过程中严格遵守，以形成良好的习惯。需要说明的是，要想成为专业的程序员，建议学习完整的程序代码编写规范。

同步练习

一、选择题

1. 以下选项中不是 C 语句的是（　　　）。

    A．++t　　　　　　　　　　　　　　　　　B．;

    C．k=i=j;　　　　　　　　　　　　　　　　D．{a/=b=1;b=a%2;}

2. 有定义语句：int a=5,b;，则不能给 b 赋 2 的赋值语句是（　　　）。

A. b=a/2;　　　　　　B. b=b-2;　　　　　C. b=2%a;　　　　　D. b=5;b=2;

3. 下列程序段的输出结果是（　　　）。

```
#include <stdio.h>
int main()
{ int a=1234;
 float b=123.456;
 double c=12345.54321;
 printf("%2d,%2.1f,%2.1f",a,b,c);
 return 0;}
```

　　A. 无输出　　　　　　　　　　　　　　B. 12,123.5,12345.5

　　C. 1234,123.5,12345.5　　　　　　　　D. 1234,123.4,1234.5

4. 以下语句的输出结果是（　　　）。

```
printf("%d\n",'A'-51);
```

　　A. 5　　　　　　　　　　　　　　　　B. 14

　　C. 8　　　　　　　　　　　　　　　　D. 输出项不合法，无法正常输出

5. 下面程序的输出结果是（　　　）。

```
 #include <stdio.h>
int main()
{
  int x=7,y=3;
  printf("%d",y=x/y);
  return 0;
}
```

　　A. 0　　　　　　　　B. 2　　　　　　　　C. 3　　　　　　　　D. 不确定的值

6. 若变量已正确说明为 float 型，要通过语句 "scanf("%f%f%f",&a,&b,&c);" 给 a 赋予 10.0，b 赋予 22.0，c 赋予 33.0，则下列输入形式不正确的是（　　　）。

　　A. 10<回车>22<回车>33<回车>　　　　B. 10.0,22.0,33.0<回车>

　　C. 10.0<回车>22.0　33.0<回车>　　　　D. 10　　22<回车>33<回车>

7. 现有以下程序段：

```
#include <stdio.h>
 int main()
{ int a,b,c;
  scanf("a=%*d%d,b=%d%*d,c=%c",&a,&b,&c);
  printf("a=%d,b=%d,c=%d\n",a,b,c);
  return 0;
 }
```

若输出的结果为 "a=20,b=30,c=40"，则以下能够正确输入数据的是（　　　）。

　　A. a=10 20,b=20 30,c=40　　　　　　B. 20,30,40

　　C. a=20,b=30,c=40　　　　　　　　　D. a=10 20,b=30 20,c=40

8. 使用 scanf("a=%d,b=%d",&a,&b) 为变量 a 和 b 赋值。要使 a 和 b 均为 50，正确的输入是（　　　）。

　　A. a=50　b=50　　　B. 50　50　　　　C. a=50,b=50　　　D. 50,50

9. 调用 getchar() 和 putchar() 函数时，必须包含的头文件是（　　　）。

　　A. stdio.h　　　　　B. stdlib.h　　　　　C. define　　　　　D. 以上都不对

10. 有如下程序段：

```
#include "stdio.h"
int  main()
{ char c;
  c=('z'-'a')/2+ 'A';
  putchar(c);
  return 0; }
```

则其输出结果为（　　　）。

A. M   B. N   C. 0   D. Q

二、填空题

1. "printf("%4s","China");" 的输出结果是＿＿＿＿＿＿＿＿＿＿。

2. 对于长整型变量，在 scanf 语句的"格式控制字符串"中用＿＿＿＿＿＿＿＿＿＿。

3. scanf()函数是一个标准库函数，它的函数原型在头文件＿＿＿＿＿＿＿＿＿中。

4. C 语言的字符输出函数是＿＿＿＿＿＿＿＿＿＿。

5. getchar()函数得到的字符可以赋给一个＿＿＿＿＿＿变量或一个＿＿＿＿＿＿变量。

6. 使用 getchar()函数接收字符，若输入多于一个字符，则只接收＿＿＿＿个字符。

三、写出程序的运行结果

1. 以下程序段的运行结果是＿＿＿＿＿＿＿＿＿＿。

```
#include <stdio.h>
    int main()
{
    int x=6,y;
    char c='a';
    printf("%d\n",c+x);
    y=x+c-5;
    printf("%d\n",y);
    c=c-32;
    printf("%c\n",c);
    return 0;
}
```

2. 有以下程序段，若从键盘输入 5a6<回车>，则输出结果为＿＿＿＿＿＿＿＿＿＿。

```
#include <stdio.h>
 int main()
{
  int a=0,b=0;
  char c;
  scanf("%d%c%d",&a,&c,&b);
  printf("%d,%c,%d",a,c,b);
  return 0;
}
}
```

3. 若输入 3.579，则以下程序段的运行结果是＿＿＿＿＿＿。

```
#include <stdio.h>
 int main()
{
    float a=3.2,b;
    scanf("%f",&b);
    a=a+b;
    printf("a=%.2f\n",a);
    return 0;
}
```

4. 有以下程序段，运行时输入 56<回车>，运行后的输出结果是＿＿＿＿＿＿＿＿＿。

```
#include <stdio.h>
int main()
{ char c1,c2;
  int a,b;
  c1=getchar();
  c2=getchar();
  a=c1-'0';
  b=a*10+(c2-'0');
  printf("%d",b);
```

```
    return 0;
    }
```

四、编程题

1. 将数据加密后进行输出。加密规则如下：将单词中的每个字母变成其后的第 5 个字母，如把"China"加密后输出。

2. 求 $ax^2+bx+c=0$ 方程的根，a、b、c 由键盘输入，设 $b^2-4ac>0$。

3. 计算定期存款本金和利息之和。设银行定期存款的年利率 $rate$ 为 0.5%，并已知存款期为 n 年，存款本金为 $capital$ 元，试编程计算 n 年后的本金和利息之和 $deposit$。要求定期存款的年利率 $rate$、存款期 n 和存款本金 $capital$ 均由键盘输入。

单元4
选择结构

04

问题引入

孟子的《鱼我所欲也》中有名句，"鱼，我所欲也；熊掌，亦我所欲也；二者不可得兼，舍鱼而取熊掌者也。生，亦我所欲也；义，亦我所欲也。二者不可得兼，舍生而取义者也。"该句中的"舍生取义"被认为是中华民族传统道德修养的精华。不忘初心，坚守信仰，报效祖国，是钱学森的选择；不懈探索，淡泊名利，专注于田畴，是袁隆平的选择；尊重科学，实事求是，敢医敢言，是钟南山的选择。每一次选择，他们都怀着对祖国人民无限的热爱与真诚，将个人志趣与祖国命运相结合。

在程序的执行过程中，经常需要根据某些判断条件来选择执行指定的操作，这就需要使用选择结构。C语言中实现选择结构的关键，需要考虑两个问题。

问题1：如何描述判断条件。

问题2：如何合理设计选择结构的操作流程。

本单元学习任务

顺序结构中程序的执行是从上而下逐条语句执行，而选择结构中程序的执行出现了分支，需要根据条件进行判断，从而确定执行语句。本单元学习任务包括以下主要内容。

1. 掌握关系运算符和逻辑运算符的运算规则，熟练使用条件判断表达式描述判断条件。
2. 掌握单分支if语句、多分支if语句和switch语句的语法结构。
3. 能够使用流程图分析选择结构程序的执行过程，运用if语句和switch语句解决实际问题。

知识描述

///// 4.1 条件判断表达式

C语言中，条件判断表达式用于描述选择结构中的"判断条件"。例如，在商品促销活动中，满1 000元就打9折，此时"满1 000元"就是"判断条件"。条件判断表达式包括关系表达式和逻辑表达式。

4.1.1 关系运算符和关系表达式

1. 关系运算符

关系运算符用于两个数值的比较，C语言中的关系运算符有6个。

- >　　大于。
- >=　　大于或等于。

4-1：关系运算符和
关系表达式

- < 小于。
- <= 小于或等于。
- == 相等。
- != 不相等。

关系运算符的优先级低于算术运算符，高于赋值运算符。其中>、>=、<、<=这4种运算符优先级别相同，==和!=这两种运算符优先级别相同，并且前4种运算符优先级高于后两种运算符。关系运算符的结合方向为左结合。

例如：

（1）a>b+c　　　　　　　　等价于 a>(b+c)。

（2）c=a>b　　　　　　　　等价于 c=(a>b)。

（3）a>b<c　　　　　　　　等价于 (a>b)<c。

2. 关系表达式

用关系运算符将两个数值或数值表达式连接起来的式子就是关系表达式。

【例4.1】 设定 *a* 为变量，使用关系表达式描述下列条件。

（1）*a* 为正数　　　　　　表达式为 a>0。

（2）*a* 和数值0相等　　　表达式为 a==0。

（3）*a* 为偶数　　　　　　表达式为 a%2==0。

关系表达式的结果应该是成立或不成立，即逻辑值"真"或"假"。由于C语言中没有逻辑型数据类型，所以用整数1和0表示关系表达式的值。当关系表达式成立时，即为"真"，其值为1；当关系表达式不成立时，即为"假"，其值为0。

【例4.2】 设定变量 *a*=2，*b*=3，*c*=5，计算下列表达式的值。

（1）a>0。

因为2>0成立，所以表达式值为1。

（2）a%2==0。

按照运算符的优先级，首先进行算术运算 a%2，其值为0，然后进行关系运算，0==0成立，表达式值为1。

（3）a<b>c。

运算符<和>优先级相同，按照运算符的左结合性，首先计算 a<b，其值为1，然后计算 1>c，表达式值为0。

【练一练】

（1）整型变量 *x* 为奇数的关系表达式为_____。

（2）判断变量 *x* 和 *y* 不相等的关系表达式为_____。

4.1.2　逻辑运算符和逻辑表达式

当"判断条件"不是一个简单的条件，而是由几个条件组成的复合条件时，这时就需要使用逻辑运算。例如，某职位的招聘条件是年龄为21~27岁，这就需要判断两个条件：①年龄大于21岁；②年龄小于27岁。显然，一个关系表达式不能描述出这两个条件。

1. 逻辑运算符

C语言中的逻辑运算符有以下3个。

- && 逻辑与。
- || 逻辑或。
- ! 逻辑非。

4-2: 逻辑运算和逻辑表达式

逻辑运算用于判断"真"和"假"，其运算规则可以用"真值表"表示，见表4.1。

表 4.1　真值表

a	b	!a	a && b	a‖b
真	真	假	真	真
真	假	假	假	真
假	真	真	假	真
假	假	真	假	假

（1）&&：参与运算的两个值都为"真"时，结果才为"真"，否则为"假"。

（2）‖：参与运算的两个值只要有一个为"真"，结果就为"真"；两个值都为"假"时，结果为"假"。

（3）!：参与运算的值为"真"时，结果为"假"；参与运算的值为"假"时，结果为"真"。

逻辑运算符中，运算符 ! 的优先级高于算术运算符，它是单目运算符，结合性是右结合。运算符 && 和‖的优先级低于关系运算符，它们是双目运算符，结合性是左结合。

例如：

a>=1 && a<5　　　　　　　　　等价于(a>=1)&&(a<5)

!a‖b+c　　　　　　　　　　　等价于(!a)‖(b+c)

2．逻辑表达式

用逻辑运算符将关系表达式或其他逻辑量连接起来的式子就是逻辑表达式。

【例 4.3】设定 a、b、c 为变量，使用逻辑表达式描述下列条件。

（1）a 的值限定在 21～27 之间。

表达式为：a>=21 && a<=27

（2）b 为：数字字符。

表达式为：b>='0' && b<='9'

（3）c 为闰年。闰年的判断条件是：非百年能被 4 整除的为闰年；或者能被 400 整除的也为闰年。

表达式为：(c%4==0) && (c%100!=0)‖(c%400==0)

逻辑表达式的结果也是一个逻辑值"真"或"假"，C 语言用整数 1 和 0 表示。当逻辑表达式结果为"真"时，其值为 1；当逻辑表达式结果为"假"时，其值为 0。需要说明的是，在判断一个数据的"真"或"假"时，非 0 值表示"真"，而整数 0 则表示"假"。

【例 4.4】计算下列表达式的值。

（1）a=4，表达式 a>=1 && a<5。

由于 4>=1 的值为 1，4<5 的值为 1，逻辑运算 1 && 1 的结果为 1，因此，表达式的值为 1。

（2）表达式 !5。

数值 5 表示"真"，非运算后的结果为"假"，即为 0。

（3）a=3，b=-4，c=5，表达式(a && b)==(a‖c)。

由于 a && b 的值为 1，a‖c 的值为 1，最后计算 1==1 的值为 1，因此表达式的值为 1。

【练一练】

（1）判断字符变量 ch 为大写字母的逻辑表达式是＿＿＿＿＿＿＿。

（2）与数学表达式 $x \geq y \geq z$ 对应的 C 语言表达式是＿＿＿＿＿＿。

（3）a 是数值类型，表达式(a==1)‖(a!=1)的值是＿＿＿＿＿＿＿。

小提示　需要注意的是，在使用逻辑运算符 && 和‖时，并不是所有的表达式都参与运算。举例如下。

【例 4.5】设定变量 $a=1$，$b=2$，$c=1$，$d=1$，计算下列表达式的值。

（1）表达式 a+b<c && c==d。

由于 a+b<c 的结果为"假"，按照逻辑与"&&"的运算规则，参与运算的两个值都为"真"时，结果才为"真"。因此，右边表达式 c==d 不会参与运算，表达式 a+b<c&&c==d 的结果为"假"，即表达式的值为 0。

（2）表达式 a+b>c || c==d。

由于 a+b>c 的结果为"真"，因此，右边表达式 c==d 不会参与运算，表达式 a+b>c||c==d 的结果为"真"，即表达式的值为 1。

4.2　if 选择语句

C 语言使用 if 语句实现选择结构。if 语句分为单分支 if 语句和多分支 if 语句。

4.2.1　单分支 if 语句

语法结构：

```
if(条件判断表达式)
        语句
```

执行过程：

if 是 C 语言中的关键字，如果条件判断表达式的值为"真"，则执行语句；如果为"假"，则不执行语句。其执行过程如图 4.1 所示。

4-3：单分支 if 语句

【例 4.6】输入两个整数，输出两个数中的最大数。

分析：

（1）定义两个整型变量存储两个整数 a、b。

（2）如果 a 大于 b，则输出整数 a。其中，"如果"相当于 C 语言中的 if 关键字，"a 大于 b"是判断条件，用关系表达式 a>b 描述，"输出整数 a"是执行语句。

（3）如果 a 小于或等于 b，则输出整数 b。

程序流程图如图 4.2 所示。

图 4.1　单分支 if 语句流程图

图 4.2　例 4.6 程序流程图 1

程序代码:

```
#include<stdio.h>
int main()
{
    int a,b;
    scanf("%d%d",&a,&b);
    if(a>b)
        printf("最大数是: %d",a);
    if(a<=b)
        printf("最大数是: %d",b);
    return 0;
}
```

程序运行结果如图 4.3 所示。

在上述算法中，需要对两个数做两次比较。其实，只要做一次比较，就可以实现同样的功能，如下所示。

分析:

（1）定义两个整型变量存储两个整数 a、b。

（2）定义一个整型变量始终存放最大数 max，且初始值为 a。

（3）使用 if 语句进行判断，如果 b>max，则 max 等于 b。

（4）输出 max，即两个数中的最大数。

图 4.3　程序运行结果

程序流程图如图 4.4 所示。

程序代码:

```
#include <stdio.h>
int main()
{
    int a,b,max;
    scanf("%d%d",&a,&b);
    max=a;
    if(b>max)
        max=b;
    printf("%d 和%d 的最大值是%d",a,b,max);
    return 0;
}
```

【例 4.7】输入两个整数，按照从小到大的顺序输出。

分析:

（1）定义两个整型变量 a、b 存储两个数。设定变量 a 中存放较小数，变量 b 中存放较大数。

（2）如果 a>b，则交换这两个数。

（3）依次输出两个数 a、b。

程序流程图如图 4.5 所示。

程序代码:

```
#include <stdio.h>
int main()
{
    int a,b,max,t;
    scanf("%d%d",&a,&b);
    if(a>b)
    {   t=a;
        a=b;
        b=t;
    }
    printf("按照从小到大的顺序输出: %d,  %d",a,b);
    return 0;
}
```

63

图 4.4　例 4.6 程序流程图 2

图 4.5　例 4.7 程序流程图

程序运行结果如图 4.6 所示。

图 4.6　程序运行结果

> **小提示**　C 语言中，用一对大括号"{ }"将若干条语句括起来组成一个语句组，称为复合语句。在 if 语句的语法结构中，执行语句可以是一个简单语句，也可以是一个复合语句。例 4.7 中，变量 *a* 和 *b* 交换数值的功能就是由{t=a;a=b;b=t;}所构成的复合语句实现的。

【练一练】

下面的程序实现输入 3 个整数，输出 3 个数中的最大数，将程序补充完整。

```
#include<stdio.h>
int main()
{
    int a,b,c,max;
    scanf("%d%d%d",&a,&b,&c);
    max=a;
    if(b>max)
        _____
    if(       )
        _____
    printf("最大数是: %d",max);
    return 0;
}
```

4.2.2　多分支 if 语句

1. 双分支 if-else 语句

语法结构：

```
if(条件判断表达式)
    语句 1
else
    语句 2
```

4-4：双分支 if 语句

执行过程：

if、else 是 C 语言中的关键字，如果条件判断表达式的值为"真"，则执行语句

1，否则（条件判断表达式的值为"假"）执行语句 2。需要说明的是，else 只能和 if 配合使用，不能单独使用。其执行过程如图 4.7 所示。

【例 4.8】输入一个整数，判断该数是正数，还是负数。

分析：

定义一个整型变量 x，判断一个整数是正数还是负数的条件是该整数是否大于或等于 0，如果 x 大于或等于 0，即 x>=0，则 x 是正数，否则 x 是负数。

程序流程图如图 4.8 所示。

图 4.7　双分支 if-else 语句流程图　　图 4.8　例 4.8 程序流程图

程序代码：

```
#include <stdio.h>
int main()
{
    int x;
    scanf("%d",&x);
    if(x>=0)
        printf("%d 是正数",x);
    else
        printf("%d 是负数",x);
    return 0;
}
```

程序运行结果如图 4.9 所示。

图 4.9　程序运行结果

【例 4.9】编写程序，判断某一年是否是闰年。

分析：

闰年的判断条件是符合下列二者之一：①能被 4 整除，但不能被 100 整除，如 2016；②能被 400 整除，如 2 000。定义整型变量 year 存储年份，判断 year 是闰年的逻辑表达式是：year%4==0 && year%100!=0 ‖ year%400==0。若 year 是闰年，上述表达式值为 1，则输出"是闰年"的信息，否则输出"不是闰年"的信息。

程序代码：

```
#include <stdio.h>
int main()
{
    int year;
    scanf("%d",&year);
    if(year%4==0&&year%100!=0||year%400==0)
        printf("the year is leapyear");
    else
        printf("the year is not leapyear");
    return 0;
}
```

65

程序运行结果如图 4.10 所示。

```
2017
the year is not leapyear
```

```
2016
the year is leapyear
```

图 4.10　程序运行结果

4-5：多分支 if 语句

多分支 if 语句

【练一练】

例 4.6 中使用单分支 if 语句实现了输出两个数中最大数的功能，现在使用双分支 if-else 语句实现该功能。

2.　多分支 if 语句

if-else 语句中，其中 if 分支或者 else 分支又可以是一个 if 语句或者 if-else 语句，这称为 if 语句的嵌套，或者多分支 if 语句。if-else 语句适用于对两个条件进行判断的操作。如果程序结构中有多个条件的分支判断，可以使用多分支 if 语句。

【例 4.10】 有一函数，$y = \begin{cases} 1 & (x > 0) \\ 0 & (x = 0) \\ -1 & (x < 0) \end{cases}$

编写程序，根据输入的 x 值，输出相应的 y 值。

分析：

使用 if 语句判断 x 的值，根据 x 的值赋予 y 的值。由于 x 的值有 3 种情况，所以需要使用多分支 if 语句结构实现。这里使用两种多分支 if 语句的形式来解决这一问题。

方法一：

程序的流程图如图 4.11 所示。

图 4.11　例 4.10 程序流程图 1

程序代码：

```c
#include<stdio.h>
int main()
{   int x,y;
    printf("输入 x 值\n");
    scanf("%d",&x);
    if(x>=0)
        if(x>0)
            y=1;
        else
            y=0;
    else
```

```
        y=-1;
    printf("y=%d\n",y);
    return 0;
}
```

程序运行结果如图 4.12 所示。

图 4.12　程序运行结果

方法二：

程序的流程图如图 4.13 所示。

图 4.13　例 4.10 程序流程图 2

程序代码：

```
#include<stdio.h>
int main()
{   int x,y;
    printf("输入 x 值\n");
    scanf("%d",&x);
    if(x>0)
        y=1;
    else
        if(x==0)
            y=0;
        else
            y=-1;
    printf("y=%d\n",y);
    return 0;
}
```

小提示　在多分支 if 语句中，else 和最近的 if 配对使用。为了使逻辑关系清晰，一般采用方法二所使用的结构，将内嵌的 if 语句放在外层的 else 子句中，流程如图 4.13 所示，这是一种锯齿形的缩进结构。

【例 4.11】对学生的考试成绩进行等级的划分，如果分数大于等于 90，等级为优；如果分数小于 90 且大于或等于 80，等级为良；如果分数小于 80 且大于或等于 70，等级为中；如果分数小于 70 且大于或等于 60，等级为及格；如果分数小于 60，等级为不及格。

分析：

定义变量 s 存储学生的考试成绩。

首先判断成绩是否为 0～100 分，若是则继续做条件判断，否则输出"输入成绩不合法"的提示信息；

继续判断成绩是否在 90 分以上，若是，则输出"优"；

否则，再判断成绩是否在 80 分以上，若是，则输出"良"；

否则，再判断成绩是否在 70 分以上，若是，则输出"中"；

否则，再判断成绩是否在 60 分以上，若是，则输出"及格"；

否则，输出"不及格"。

程序流程图如图 4.14 所示。

图 4.14　例 4.11 程序流程图

程序代码：

```c
#include <stdio.h>
int main()
{   float s;
    scanf("%f",&s);
    if(s>=0&&s<=100)
    {
        if(s>=90)
            printf("该成绩的等级为优");
        else if(s>=80)
                printf("该成绩的等级为良");
            else if(s>=70)
                    printf("该成绩的等级为中");
                else if(s>=60)
                        printf("该成绩的等级为及格");
                    else
                        printf("该成绩的等级为不及格");
    }
    else
        printf("输入成绩不合法");
    return 0;
}
```

程序运行结果如图 4.15 所示。

图 4.15　程序运行结果

【练一练】

（1）编译、运行下列程序，分析并写出程序的运行结果_____。

```c
#include<stdio.h>
int main()
{
  int x=1,y=0;
  if(!x)    y++;
  else if(y==0)
          if(x) y+=2;
          else  y+=3;
  printf("y=%d",y);
  return 0;
}
```

（2）编写代码，判断键盘输入的字符是数字、小写字母还是大写字母。

分析：首先判断输入的字符是否是数字，如果条件成立，则输出信息，否则继续判断输入的字符是否是小写字母；如果条件不成立，继续判断输入的字符是否是大写字母。

4.2.3　条件运算符

C 语言中有一种三元运算符，由两个符号（? 和 :）组成，被称为条件运算符。其一般形式为：

表达式 1?表达式 2:表达式 3

条件运算符的运算规则和 if-else 语句类似，当表达式 1 的值为"真"时，则以表达式 2 的值作为条件表达式的值，否则以表达式 3 的值作为条件表达式的值。需要说明的是，条件运算符的优先级是最低的。

4-6：条件运算符

【例 4.12】使用条件表达式，实现输出两个数中最大数的功能。

```c
#include<stdio.h>
int main()
{   int a,b,max;
    scanf("%d%d",&a,&b);
    max=a>b?a:b;
    printf("最大数是: %d",max);
    return 0;
}
```

【练一练】

（1）设定 x 的值为 2，则表达式 x%2==0?1:0 的值为_____。

（2）与下列 if 语句功能相同的条件表达式是_____。

```c
if((a>b) && (b>c))
    k=1;
else
    k=0;
```

4.3　switch 语句

多分支 if 语句虽然可以解决多个条件的选择问题，但是如果分支较多，例如例 4.11 学生成绩按照等级划分，if 语句的层次就会增多，使得程序冗长。在这种情况

4-7：switch 语句

下，可以使用 C 语言提供的 switch 语句处理多分支选择问题。

语法结构：

```
switch(表达式)
{
    case 常量表达式 1:语句 1;[break];
    case 常量表达式 2:语句 2;[break];
    ⋮
    Case 常量表达式 n:语句 n;[break];
    Default:语句 n+1;
}
```

执行过程如下。

（1）计算 switch 后面表达式的值，并且与每个 case 后面的常量表达式的值进行比较，如果两者相等，就执行该 case 后的语句。

（2）如果 case 对应的语句后面有 break 语句，则程序跳出 switch 语句；如果没有 break 语句，则继续执行下一个 case 对应的语句。

（3）如果 switch 后面表达式的值与 case 后面的常量表达式的值都不相等，则执行 default 后的语句。

如果 case 后面有 break 语句，其执行过程如图 4.16 所示。

图 4.16 多分支 switch 语句流程图

【例 4.13】使用数字 1～7 来表示星期一至星期日。根据输入的数字 1～7，输出对应的星期值。

程序代码：

```
#include <stdio.h>
int main()
{   int week;
    scanf("%d",&week);
    switch(week)
    {
        case 1:printf("星期一"); break;
        case 2:printf("星期二"); break;
        case 3:printf("星期三"); break;
        case 4:printf("星期四"); break;
        case 5:printf("星期五"); break;
        case 6:printf("星期六"); break;
        case 7:printf("星期日"); break;
        default:printf("输入的数字不正确");
    }
    return 0;
}
```

switch case 语句

程序运行结果如图 4.17 所示。

程序中的 default 语句用于处理和前面的 case 都不匹配的情况。再次运行程序，当键盘输入变量 week 的值为 8 时，输出结果如图 4.18 所示。

图 4.17 程序运行结果

图 4.18 程序运行结果

【练一练】

编译、运行下面的程序，分析并写出程序的运行结果＿＿＿＿＿＿＿＿。

```
#include <stdio.h>
int main()
{ int x=1,a=0,b=0;
  switch(x)
  {   case 0: b++;
      case 1: a++;
      case 2: a++;b++;
  }
  printf("%d,%d ",a,b);
  return 0;
}
```

【例 4.14】使用数字 1~7 来表示星期一至星期日，当输入的数字为 1、2、3、4、5 时，输出信息是工作日；当输入数字为 6、7 时，输出信息是休息日。

分析：

（1）当变量 week 满足值为 1、2、3、4、5 中任意一个时，执行语句相同，输出信息是工作日；当变量 week 满足值为 6、7 中任意一个时，执行语句相同，输出信息是休息日。

（2）在使用 switch 语句时，如果多个 case 条件后的执行语句是一样的，则该执行语句只需写一次即可。

程序代码：

```
#include <stdio.h>
int main()
{   int week;
    scanf("%d",&week);
    switch(week)
    {   case 1:
        case 2:
        case 3:
        case 4:
        case 5:printf("今天是工作日");break;
        case 6:
        case 7:printf("今天是休息日");break;
        default:printf("输入的数字不正确");
    }
    return 0;
}
```

程序运行结果如图 4.19 所示。

图 4.19 程序运行结果

> **小提示**　（1）switch 后面表达式的值，case 后面常量表达式的值，必须是整型或字符型。
> 　　（2）每个 case 后面常量表达式的值必须各不相同。
> 　　（3）break 语句的作用是跳出 switch 语句。一般情况下，case 语句后面需要有 break 语句，否则程序会继续执行其他 case 后面的语句。
> 　　（4）case 后面的语句也可以是一个 switch 语句，这就是一个 switch 语句的嵌套形式。此时，break 语句的作用是跳出本层 switch 语句。

【例 4.15】例 4.11 中使用多分支 if 语句实现了学生成绩的等级划分功能，现要求使用 switch 语句实现该功能。

分析：

（1）switch 语句根据表达式的值决定执行的语句，判断的依据是一个具体的值，而成绩的取值是一个数值范围，这就需要分析每个取值范围是否可以用一个具体的值代替。

（2）成绩的等级只与分数的十位数有关，定义变量 s 存储成绩，计算表达式(int)s/10，如果其值为 10 和 9，表示 $90 \leqslant s \leqslant 100$；如果其值为 8，表示 $80 \leqslant s < 90$；如果其值为 7，表示 $70 \leqslant s < 80$；如果其值为 6，表示 $60 \leqslant s < 70$；如果其值为 5、4、3、2、1 和 0，表示 $0 \leqslant s < 60$；如果是其他值，表示输入数据不合法。

程序代码：

```c
#include<stdio.h>
int main()
{   float s;
    scanf("%f",&s);
    if(s>=0&&s<=100)
    {
        switch((int)s/10)
        {
            case 10:
            case 9:printf("该成绩的等级为优");break;
            case 8:printf("该成绩的等级为良");break;
            case 7:printf("该成绩的等级为中");break;
            case 6:printf("该成绩的等级为及格");break;
            case 5:
            case 4:
            case 3:
            case 2:
            case 1:
            case 0:printf("该成绩的等级为不及格");break;
            default:printf("输入成绩不合法");
        }
    }
    else
        printf("输入成绩不合法");
    return 0;
}
```

小提示　在程序设计过程中，需要适时选择使用多分支 if 语句或 switch 语句。

（1）switch 语句只能判断"相等"的逻辑关系，即 switch 后面表达式的值是否和 case 常量值相等。

（2）switch 后面的表达式不能描述某范围的数据，表达式的值是一个确定的整型或字符型数据，如例4.15。

【练一练】

（1）编译、运行下列程序，这是一个 switch 语句的嵌套程序，分析并写出程序的运行结果＿＿＿＿＿＿＿。

```c
#include <stdio.h>
int main()
{ int x=1,y=0,a=0,b=0;
  switch(x)
  {   case 1:
      switch(y)
          {   case 0:a++;break;
              case 1:b++;break;
          }
      case 2:a++;b++;break;
      case 3:a++;b++;
  }
  printf("%d,%d ",a,b);
  return 0;
}
```

（2）编写代码实现一个简单的计算器功能。用户输入两个数和一个运算符，程序根据用户输入的运算符，执行相应的加、减、乘、除运算，并输出运算结果。

分析：定义 3 个变量 num1、num2、result 分别存储输入的两个数和输出的运算结果，定义变量 ch 存储运算符。首先，输入 num1、num2 和 ch；然后根据 ch 的值选择计算种类，执行运算，显然这是一个多条件选择结构；最后，输出计算结果 result。

程序运行结果如图 4.20 所示。

```
input number
3
5
input operaor
+
3.000000+5.000000=8.000000
```

图 4.20　程序运行结果

实例分析与实现

某商场举行满额打折的促销活动，编写一个收款程序，根据商品的单价、购买数量和收款金额，计算应收金额和找零。

定义变量 total 为所购商品总价，discount 为相应的折扣，折扣标准如下。

当 total<1 000 时，discount=0；

1 000≤total<3 000 时，discount=5%；

3 000≤total<6 000 时，discount=10%；

6 000≤total<8 000 时，discount=15%；

当 total≥8 000 时，discount=20%。

4-8：实例分析与实现

分析：

（1）输入商品单价 price、购买数量 count 和收款金额 pay。

（2）计算商品总价 total。

（3）使用多分支选择结构，根据商品总价 total 得到折扣 discount。

（4）根据折扣 discount，计算并输出应收金额 income、找零 change。

这里使用以下两种方法实现。

方法一：使用多分支 if 语句。

程序代码如下：

```c
#include<stdio.h>
int main()
{   float price,pay,total,discount,income,change;
    int count;
    printf("请输入商品单价、购买数量、收款金额\n");
    scanf("%f%d%f",&price,&count,&pay);
    total=price*count;

    if(total<1000)              discount=0;
    else if(total<3000)         discount=0.05;
        else if(total<6000)     discount=0.1;
            else if(total<8000) discount=0.15;
                else            discount=0.2;

    income=total*(1-discount);
    change=pay-income;
    printf("应收金额为%f,找零%f",income,change);
    return 0;
}
```

程序运行结果如图 4.21 所示。

图4.21 程序运行结果

方法二：使用多分支 switch 语句。

```c
#include<stdio.h>
int main()
{    float price,pay,total,discount,income,change;
     int count;
     printf("请输入商品单价、购买数量、收款金额\n");
     scanf("%f%d%f",&price,&count,&pay);
     total=price*count;
     switch((int)total/1000)
     {
         case 0:discount=0;break;
         case 1:
         case 2:discount=0.05;break;
         case 3:
         case 4:
         case 5:discount=0.1;break;
         case 6:
         case 7:discount=0.15;break;
         default:discount=0.2;
     }
     income=total*(1-discount);
     change=pay-income;
     printf("应收金额为%f,找零%f",income,change);
     return 0;
}
```

✎ 知识拓展   程序中的语法错误和逻辑错误调试

用 C 语言编写的源程序必须经过编译和连接，生成可执行性程序之后才能执行。如果在这些过程中出现错误，就需要返回源程序的编辑状态找出并修改错误。这就是程序调试的过程。程序调试，目的就是发现程序中的错误，并且修正错误，保证程序的正常运行。程序中的错误包括语法错误和逻辑错误。

1. 语法错误

语法错误是指在程序调试过程中发生的错误，编译不会通过，如图4.22 所示。Dev-C++提供了完善的调试功能，编译时会自动定位到错误处，并且在编译窗口显示错误提示信息，程序开发人员可以根据错误的提示信息修改。本例中的语法错误是 switch 语句后的表达式的值不是整型。

C 语言中常见的语法错误包括：将英文符号输入成中文符号、使用未定义的变量、语句后缺少"；"、标识符不符合命名规范等。举例说明如下。

图4.22 程序编译运行结果

Cannot modify a const object	不允许修改常量对象
Case outside of switch	漏掉了 case 语句
Case syntax error	case 语法错误
Compound statement missing{	分程序漏掉"{"
Constant expression required	要求常量表达式
Incorrect number format	错误的数据格式
Declaration missing	说明缺少"；"

程序开发人员在修改语法错误时需要注意以下两点。

（1）由于 C 语言语法比较自由、灵活，因此错误信息的定位不是特别精确。这时就需要根据错误信息提示查找错误原因。如图 4.22 所示，编译器在第 5 行发现了语法错误，而需要修改的却是第 4 行代码。

（2）当程序调试过程中发现若干条错误信息时，一般从第一条错误信息开始查找，修改后，再次运行程序，如果还有错误，要一个一个地修改。即，每修改一处错误要运行一次程序。

2. 逻辑错误

逻辑错误是指程序已经没有语法错误，编译通过，但是运行后没有得到所期望的结果。例如，程序的目标是输出变量 x 的值，但是在程序中写成输出变量 y 的值，这就是逻辑错误。

由于发生逻辑错误的程序不会产生错误信息，所以程序开发人员需要仔细分析程序流程，跟踪程序的运行过程才能发现程序中的逻辑错误。Dev-C++也提供了断点调试的方法，通过单步调试，监视程序中变量的变化，帮助程序开发人员快速寻找程序中的错误。

C 语言常见的逻辑错误包括：运算符使用不正确、语句的先后顺序不对、判断条件不正确、循环语句中变量的初值与终值有误等。

同步练习

一、选择题

1. 当整型变量 x 为大于 1 的奇数时，值为 0 的表达式是（　　）。

    A．x%2==0　　　　　　　B．x/2　　　　　　　　C．x%2!=0　　　　　　　D．x%2==1

2. 设 a 为整型变量，则下列不能正确表达数学关系 10<a<15 的语言表达式是（　　）。

    A．10<a<15　　　　　　　　　　　　　　B．a==11||a==12||a==13||a==14

    C．a>10&&a<15　　　　　　　　　　　　D．!(a<=10)&&!(a>=15)

3. 能正确表示 a 和 b 同时为正或同时为负的逻辑表达式是（　　）。

    A．(a>=0||b>=0)&&(a<0||b<0)　　　　　B．(a>=0&&b>=0)&&(a<0&&b<0)

    C．(a+b>0)&&(a+b<=0)　　　　　　　　D．a*b>0

4. 下列运算符中优先级最低的是（　　）。

    A．?:　　　　　　　　　　B．&&　　　　　　　　　C．+　　　　　　　　　　D．!=

5. 下列运算符中优先级最高的是（　　）。

    A．!　　　　　　　　　　　B．==　　　　　　　　　　C．+　　　　　　　　　　D．>

6. 已知 a=5，b=6，c=7，d=8，m=2，n=2，执行(m=a>b)&&(n=c<d)后 n 的值为（　　）。

    A．1　　　　　　　　　　　B．0　　　　　　　　　　　C．2　　　　　　　　　　D．−1

7. 设 a=3，b=4，c=5，则表达式!(a>b)&&!c||1 的结果是（　　）。

    A．1　　　　　　　　　　　B．0　　　　　　　　　　　C．2　　　　　　　　　　D．4

8. 设 a=1，b=2，c=3，d=4，则表达式 a<b?c:c<d?a:b 的结果是（　　）。

    A．4　　　　　　　　　　　B．3　　　　　　　　　　　C．2　　　　　　　　　　D．1

9. 下列叙述正确的是（　　）。

    A．在 switch 语句中不一定有 break 语句

    B．在 switch 语句中必须使用 default 语句

    C．break 语句必须与 switch 语句中的 case 配对使用

    D．break 语句只能用于 switch 语句

10. 若 i=10，则执行下列程序后，变量 i 的值为（　　）。

```
switch(i)
{   case 9: i+=1;
```

```
        case 10:i+=1;
        case 11:i+=1;
        default:i+=1;
}
```
    A. 11   B. 12   C. 13   D. 14

二、填空题

1. 已知 a=7.5，b=2，c=3.6，则表达式 a>b&&c>a||a<b&&c>b 的值是＿＿＿＿＿＿＿＿。

2. 已知 a=3，b=-4，c=5，则表达式(a&&b)==(a||c)的值是＿＿＿＿＿＿＿。

3. 已知 a=2，b=3，则表达式!a+b的值为＿＿＿＿＿＿＿＿。

4. 设 x 为整型变量，则判断 x 能够被 3 或 7 整除的表达式是＿＿＿＿＿＿＿。

5. 数学式 $p<x$ 或 $p<y$ 或 $p \neq z$ 的 C 语言表达式＿＿＿＿＿＿＿。

6. 以下程序用于判断 a、b、c 能否构成三角形，若能，输出 YES，否则输出 NO。当给 a、b、c 输入三角形 3 条边长时，确定 a、b、c 能构成三角形的条件是需同时满足 3 个条件：$a+b>c$，$a+c>b$，$b+c>a$。请在空白处填空完成程序。

```
float a, b, c;
if(_____)
    printf("YES\n");          /*a、b、c 能构成三角形*/
else
    printf("NO\n");           /*a、b、c 不能构成三角形*/
```

7. 输入一个字符，如果它是一个大写字母，则把它变成小写字母；如果它是一个小写字母，则把它变成大写字母；其他字符不变。请在空白处填空完成此程序。

```
char ch;
if(_____)
    ch=ch+32;
else
    if(ch>='a' && ch<='z')
        _____;
printf("%c",ch);
```

三、写出程序的运行结果

1. 以下程序运行后的输出结果是＿＿＿＿＿＿＿。

```
#include<stdio.h>
int main()
{ int x=10,y=20,t=0;
  if(x==y)
  t=x;x=y;y=t;
  printf("%d,%d",x,y);
  return 0;
}
```

2. 若从键盘输入 58，则以下程序运行后的输出结果是＿＿＿＿＿＿＿。

```
#include<stdio.h>
int main()
{ int a;
  scanf("%d",&a);
  if(a>50)
  printf("%d",a);
  if(a>40)
  printf("%d",a);
  if(a>30)
  printf("%d",a);
  return 0;
}
```

3. 以下程序运行后的输出结果是＿＿＿＿＿＿＿。

```
#include<stdio.h>
```

```
int main()
{ int a=2,b=1,c=2;
  if(a)
  if(b<0) c=0;
  else c++;
  printf("%d\n",c);
  return 0;
}
```

4. 以下程序运行后的输出结果是_____。

```
#include<stdio.h>
int main()
{ int a=2,b=3,c;
  c=a;
  if(a>b)
    c=1;
  else
    if(a==b) c=0;
  printf("%d\n",c);
  return 0;
}
```

5. 以下程序运行后的输出结果是_____。

```
#include<stdio.h>
int main()
{   float x=2.0,y;
    if(x<0) y=0.0;
    else if(x<5.0)y=1.0/x;
        else y=1.0;
    printf("%f\n",y);
    return 0;
}
```

6. 从键盘输入数字字符 4，则以下程序运行后的输出结果是_____。

```
#include <stdio.h>
int main()
{ char c;
  c=getchar();
  switch( c-'2' )
   {
      case 0 :
      case 1 : putchar( c+4 );
      case 2 : putchar( c+4 ); break;
      case 3 : putchar( c+3 );
      default : putchar( c+2 ); break;
   }
return 0;
}
```

四、编程题

1. 找出两个数中的最小数。

2. 已知函数：

$$y=\begin{cases} x+3 & (x>0) \\ 0 & (x=0) \\ x-1 & (x<0) \end{cases}$$

输入 x 的值，输出 y 的值。

3. 输入某年某月某日，判断这一天是这一年的第几天。

单元5

循环结构

05

问题引入

中国北魏著名数学家张丘建在他的《张丘建算经》中，提出了著名的"百钱买百鸡"的问题：鸡翁一，值钱五，鸡母一，值钱三，鸡雏三，值钱一，百钱买百鸡，问翁、母、雏各几何？那怎样用C语言编程来解开这个问题呢？我们可以使用循环语句，用穷举法列举出各种可能的情况就可以了。

日常生活中处理许多问题时都要重复相同操作。例如，进行学生成绩管理时，重复输入多名学生成绩。再如，超市收银系统中需要重复读入多个商品条码来计算销售金额。需要处理多个数据，而且是重复执行一些相似操作时，应使用循环控制语句。

C语言如何实现循环？这需要考虑如下两个问题。

问题1：如何描述循环条件？

问题2：用什么语句实现循环结构？

本单元学习任务

本单元的学习任务是掌握如下知识点。

1. while语句
2. do-while语句
3. for语句
4. 循环嵌套的用法
5. break和continue语句

知识描述

循环结构是结构化程序设计的3种基本结构之一。大多数实用的程序都包含循环。循环语句的特点是，在给定的条件成立时，重复执行某程序段，直到条件不成立。给定的条件称为循环条件，重复执行的程序段称为循环体。

5.1 while 语句

5-1: while 语句

while 循环语句属于当型循环，即先判断条件，再执行循环体语句。

语法结构：

while（表达式）循环体语句

执行过程：

（1）计算条件判断表达式（循环控制条件）的值。如果值为 True，执行步骤（2）；

如果值为 False，执行步骤（3）。

（2）执行循环体语句一次，再转去执行步骤（1）。

（3）退出 while 循环。

while 语句执行流程如图 5.1 所示。

图 5.1　while 语句流程图

【例 5.1】使用 while 语句，输出 50 个 "*"。

程序代码：

```c
#include "stdio.h"
int main()
{
    int i=50;
    while(i>0)
    {
        printf("*");
        i--;
    }
    return 0;
}
```

程序运行结果如图 5.2 所示。

图 5.2　程序运行结果

【例 5.2】统计一个小组学生的考试成绩。

某班级一个小组 10 名学生进行数学考试，现要统计该小组学生的总分和平均分。

分析：

根据题目要求，需要在主函数中实现 10 名学生的成绩录入，计算并输出总分及平均分。如果定义 10 个变量来存放 10 个学生成绩，显然方法不科学。由于计算总分是重复执行输入学生成绩、将其加入总分这两步操作，因此可以使用更加简单、合理的循环结构。

程序流程图如图 5.3 所示。

程序代码：

```c
#include "stdio.h"
int main()
{
    int i=1,sum=0,score;
    float ave;
    printf("\n 计算学生总成绩和平均成绩\n");
    printf("请输入 10 名学生的成绩:\n");
    while(i<=10)
    {
        scanf("%d",&score);
        sum=sum+score;
```

```
        i++;
    }
    ave=sum/10.0;
    printf("总成绩为%d    平均成绩为%.2f\n",sum,ave);
    return 0;
}
```

程序运行结果如图 5.4 所示。

图 5.3　例 5.2 程序流程图

图 5.4　程序运行结果

小提示　（1）while 语句先判断表达式的真假，再决定是否执行循环体。

（2）"while(表达式)"后面不要加";"。

（3）为了避免陷入"死循环"，while 语句的循环体中应包含使循环趋于结束的语句（如 i++）。

例如：

```
int i=1,sum=0;
    while(i<=100)
    {
        sum=sum+i;
        i++;
    }
```

这段程序求出 1+2+…+100 的和。如果循环体内没有"i++;"语句，则 *i* 的值不变，循环条件永远为真，造成死循环。

（4）如果循环体包含一条以上的语句，必须使用{}括起来，组成复合语句。如果不含大括号，则 while 语句循环体只包含 while 语句后的第一条语句。

例如：

```
int i=1;
while(i<=100)
    printf("%d",i);
    i++;
```

这段程序中，while 循环体本意要控制"printf("%d",i);"和"i++;"两条语句，可是由于这两条语句没有用{}括起来，while 循环体只控制了"printf("%d",i);"这一条语句，造成了死循环。

【练一练】

（1）分析下面的程序代码，写出程序的运行结果_____。

```c
#include <stdio.h>
int main()
{
    int n=9;
    while(n>6)
    {n--;printf("%d",n);}
    return 0;
}
```

（2）输入 n 的数值，输出 $n!$ 的值。

比如，$3! =3×2×1$，$5! =5×4×3×2×1$，以此类推，$n! =n×(n-1)×\cdots×2×1$。

解题思路：由用户输入 n 的值。如果 n 为 0 或 1，$n!$ 值为 1；如果 n 大于 1，$n! =n×(n-1)!$。因此，要求出 $n!$ 的值，可以先求出 $(n-1)!$ 的值，以此类推。因此定义变量 i 和 fac，都赋初值为 1，使用循环结构，用 i 作为计数器，每执行 fac=fac*i 的语句一次，就让 i 增加 1，直至 i 的值为 n，停止循环。此时 fac 的值就是 $n!$。该程序流程图如图 5.5 所示。

图 5.5　程序流程图

5.2　do-while 语句

do-while 循环语句属于直到型循环，这种类型的循环首先执行一次循环体，然后对是否执行下一次循环体进行条件判断。

语法结构：

```
do
    循环体语句
while（表达式）;
```

5-2：do-while 语句

执行过程：

（1）执行 do 后面循环体中的语句组。

（2）计算 while 后表达式中的值，当值为非 0 时，转去执行步骤（1）；当值为 0 时，执行步骤（3）。

（3）退出 do-while 循环。

do-while 语句流程图如图 5.6 所示。

图 5.6　do-while 语句流程图

【例 5.3】用 do-while 语句完成例 5.2 的题目。

程序流程图如图 5.7 所示。

程序代码：

```c
#include "stdio.h"
int main()
{
    int i=1,sum=0,score;
    float ave;
    printf("\n 计算学生总成绩和平均成绩\n");
    printf("请输入 10 名学生的成绩:\n");
    do
    {
        scanf("%d",&score);
        sum=sum+score;
        i++;
    }while(i<=10);
    ave=sum/10.0;
    printf("总成绩为%d    平均成绩为%.2f\n",sum,ave);
    return 0;
}
```

图 5.7　例 5.3 程序流程图

程序运行结果如图 5.8 所示。

图5.8 程序运行结果

【例 5.4】使用 do-while 语句，输出 50 个 "*"。

程序代码：

```
#include "stdio.h"
int main()
{
    int i=1;
    do{
        printf("*");
        i++;
    }while(i<=50);
    return 0;
}
```

程序运行结果如图 5.9 所示。

图5.9 程序运行结果

小提示 （1）do 是 C 语言的关键字，必须和 while 联合使用。

（2）do-while 循环由 do 开始，至 while 结束。在 while（表达式）后的 ";" 不能丢，它表示 do-while 语句的结束。

（3）如果循环体是一个以上语句，必须用 { } 括起来，组成复合语句。

（4）无论条件如何，do-while 语句首先执行一次循环体语句组，然后判断条件的真假。因此，无论判断条件是否为真，do-while 语句中的循环体语句组至少执行一次。而 while 语句是当条件表达式的值为非 0，才执行循环体，因此循环可能一次也不执行。

（5）通常 while 语句和 do-while 语句可以互相改写，但要注意修改循环控制条件。避免出现"死循环"。

【练一练】

分析下面的程序代码，写出程序的运行结果。

```
#include <stdio.h>
int main()
{
    int i=20;
    do
        printf("%d",i--);
    while(i>10);
    return 0;
}
```

5.3 for 语句

5-3：for 语句

for 语句是 C 语言中一种方便灵活、功能强大的循环语句。

语法结构：

```
For(表达式1;表达式2;表达式3)
    循环体语句
```

执行过程：

（1）计算表达式1的值。

（2）计算表达式2的值，若其值为真（非0），则转步骤（3）；否则转（5）。

（3）执行一次循环体语句。

（4）计算表达式3的值，转向步骤（2）。

（5）结束循环。

for 语句的执行流程图如图 5.10 所示。

图 5.10　for 语句流程图

【例 5.5】用 for 语句完成例 5.2 的题目。

```c
#include "stdio.h"
int main()
{
    inti,sum=0,score;
    float ave;
    printf("\n 计算学生总成绩和平均成绩\n");
    printf("请输入 10 名学生的成绩:\n");
    for(i=1;i<=10;i++)
    {
        scanf("%d",&score);
        sum=sum+score;
    }
    ave=sum/10.0;
    printf("总成绩为%d    平均成绩为%.2f\n",sum,ave);
    return 0;
}
```

程序运行结果如图 5.11 所示。

【例 5.6】一个球从 100 米高度自由落下，每次落地后反跳回原高度的一半，再落下。求它在第 10 次落地时，共经过多少米？第 10 次反弹多高？

图 5.11　程序运行结果

分析：

解决本题需要分析小球每次弹起的高度与落地次数之间的关系。小球从 100 米高处自由下落，第一次落地时经过了 100 米，这可以单独考虑。第 1 次弹起到第 2 次落地前经过的路径为前一次弹起高度的一半乘以 2 加上前面经过的路径。因为每次都有弹起和下落两个过程，且经过的路程相等，所以乘以 2。以后的几次以此类推，那么到第 10 次落地前共经历了 9 次这样的过程，因此循环次数为 9。题目中还提出求第 10 次反弹的高度，因此只需在输出时用第 9 次的高度除以 2 即可。

程序代码：

```
#include "stdio.h"
int main()
{
    float i,h=100,s=100;    /*定义变量 i、h、s 分别为单精度型，并为 h 和 s 赋初值 100*/
    for(i=1;i<=9;i++)       /*for 语句，i 的数值从 1 增加到 9，表示小球从第 2 次落地到第 10 次
落地*/
    {
        h=h/2;              /*每落地一次，弹起高度为上次的一半*/
        s+=h*2;             /*累加的高度和加上下一次落地后弹起与下落的高度*/
    }
    printf("The total length is %f\n",s);           /*将高度和输出*/
    printf("The height of tenth time is %f\n",h/2); /*输出第 10 次落地后弹起的高度*/
    return 0;
}
```

程序运行结果如图 5.12 所示。

```
The total length is 299.609375
The height of tenth time is 0.097656
```

图 5.12　程序运行结果

注意　（1）for 循环相当于如下 while 循环。
```
表达式 1;
while（表达式 2）
{
    循环体;
    表达式 3;
}
```
（2）for 语句内必须有两个分号，程序编译时，将根据两个分号的位置来确定 3 个表达式。for 语句中的表达式可以部分或者全部省略，但两个分号不可省略。

例如：在计算机屏幕上输出 10 个 "*"。

方法一：
```
#include "stdio.h"
int main()
{
    int i;
    for(i=1;i<=10;i++)
        printf("*");
    return 0;
}
```

方法二：

```c
#include "stdio.h"
int main()
{
    int i;
    for(i=1;i<=10;)
    {
        printf("*");
        i++;
    }
    return 0;
}
```

方法三：

```c
#include "stdio.h"
int main()
{
    int i=1;
    for(;i<=10;)
    {
        printf("*");
        i++;
    }
    return 0;
}
```

（3）3个表达式都可以是逗号表达式，循环体可以是空语句。

例如：

```c
int i=1,sum;
for(i=1,sum=0;i<=10;sum=sum+i,i++);        // sum 的值是 1+2+3+…+10=55
```

（4）for 语句的应用方式灵活，功能较强。虽然可以写成多种形式，但会降低程序的可读性，所以建议最好规范语句的形式。通常用表达式1进行循环变量赋初值，用表达式2控制循环条件，用表达式3控制循环变量递增或递减。所以规范的 for 语句形式为：

for（循环变量赋初值;循环条件;循环变量增/减值）
{循环体语句}

【练一练】

分析下面的程序代码，写出程序的运行结果＿＿＿＿＿＿＿。

```c
#include <stdio.h>
int main()
{
    int i,sum=0;
    for(i=1;i<=100;i++)
        sum+=i;
    printf("%d\n",sum);
    return 0;
}
```

5-4：循环嵌套（1）

嵌套的循环

5.4 嵌套的循环

　　本节介绍两个知识点，一是循环嵌套的方法，二是结束循环的语句。

5.4.1 循环嵌套的方法

若一个循环体中包含另一个完整的循环结构，则称此为嵌套的循环或多重循环（多层嵌套）。使用循环嵌套时，3 种循环语句既可以自身嵌套，也可以互相嵌套。

【例 5.7】在屏幕上输出如下图形。

```
* * * * *
* * * * *
* * * * *
```

分析：

根据题目要求，每行输出 5 个星号，共输出 3 行。可以使用嵌套循环，内层循环控制每行输出 5 个星号，外层循环控制行数为 3。

程序流程图如图 5.13 所示。

图 5.13 例 5.7 程序流程图

程序代码：

```c
#include<stdio.h>
int main()
{   int i,j;
    i=1;
    while(i<=3)
    {
        j=1;
        while(j<=5)
        {
            printf("*");
            j=j+1;
        }
        printf("\n");
        i=i+1;
    }
    return 0;
}
```

程序运行结果如图 5.14 所示。

图5.14　程序运行结果

【例 5.8】输出乘法九九口诀表。

分析：

乘法九九口诀表输出两个乘数相乘的结果，这两个乘数分别从 1 到 9 取值，共显示 9 行 9 列运算结果。可以定义两个循环控制变量 i 和 j，既用来表示乘数 1 和乘数 2，又用来控制外循环和内循环的执行次数。其中变量 i 在外循环使用，表示乘数 1 从 1 递增到 9，即外循环执行 9 次；变量 j 在内循环中使用，表示乘数 2 从 1 递增到 9。外循环中变量 i 每取一个新值，只要判断取值不大于 9，就进入内循环；变量 j 从 1 递增到 9，即内循环执行 9 次，输出 9 组运算结果，然后输出回车，将变量 i 的值加 1，判断是否进入下一次外循环。

程序流程图如图 5.15 所示。

图5.15　例 5.8 程序流程图

程序代码：

```c
#include<stdio.h>
int main()
{
    int i,j;
    for(i=1;i<=9;i++)
    {
        for(j=1;j<=9;j++)
        {
            printf("%d*%d=%2d ",i,j,i*j);
        }
        printf("\n");
    }
    return 0;
}
```

程序运行结果如图 5.16 所示。

图 5.16　程序运行结果

5-5：循环嵌套（2）

如果将内循环语句改成 for(j=1; j<=i; j++)，则运行结果只输出下三角形部分。大家可以自行分析并上机运行。

【例 5.9】"水仙花数"是一种三位数，其各位数的立方和等于该数。例如，$153=1^3+5^3+3^3$。编写程序，输出所有水仙花数。

分析：

设所求三位数的百位数为 i，十位数为 j，个位数为 k，则其值应满足：$i*i*i+j*j*j+k*k*k==100*i+10*j+k$。因此可使用嵌套循环 for 语句，列举出个位、十位、百位数的所有可能取值，满足条件的数就是水仙花数。

程序流程图如图 5.17 所示。

图 5.17　例 5.9 的流程图

程序代码：

```
#include<stdio.h>
int main()
{
    int i,j,k;
    for(i=1;i<=9;i++)
        for(j=0;j<=9;j++)
            for(k=0;k<=9;k++)
```

```
                    if(i*i*i+j*j*j+k*k*k==100*i+10*j+k)
                        printf("%d\t",100*i+10*j+k);
        return 0;
}
```

程序运行结果如图 5.18 所示。

| 153 | 370 | 371 | 407 |

图 5.18　程序运行结果

【例 5.10】统计一个班级学生的考试成绩。

某班级共 4 个小组，每小组 10 名学生进行数学考试，分别统计各小组的总分和平均分。

分析：

根据题目要求，需要在主函数中实现 4 个小组共 40 名学生的成绩录入，并分组计算总分和平均分。

程序流程图如图 5.19 所示。

图 5.19　例 5.10 程序流程图

程序代码：

```
#include "stdio.h"
int main()
{
    int i,j=1,sum,score;
    float ave;
    printf("\n 计算学生总成绩和平均成绩\n");
    while(j<=4)
    {
        sum=0;
        ave=0;
        i=1;
        printf("\n 请输入第%d 组 10 名学生的成绩:\n",j);
        while(i<=10)
        {
            scanf("%d",&score);
            sum=sum+score;
            i++;
        }
```

```
        ave=sum/10.0;
        printf("\n第%d组学生的总成绩是：%d,平均成绩是%.2f\n",j,sum,ave);
        j++;
    }
    return 0;
}
```

程序运行结果如图 5.20 所示。

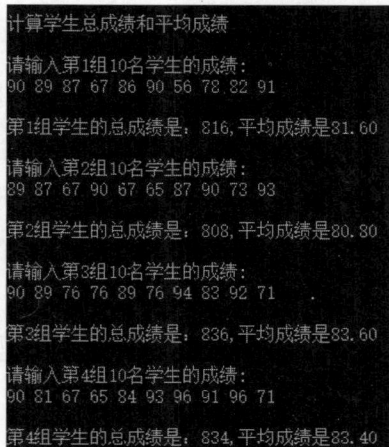

图 5.20　程序运行结果

【练一练】

编程求 $S_n=a+aa+aaa+\cdots+aa\cdots a$ 的值，其中 a 是一个数字。例如：3+33+333+3333+33333（此时，$a=3$，$n=5$）。a 和 n 由键盘输入。

5.4.2　break 语句和 continue 语句

1. break 语句

在前面学习过的 switch 语句中，我们曾经使用 break 语句跳出 switch 结构。break 语句也可以出现在 3 种循环语句的循环体中，使循环结束。若在多层循环体中使用 break 语句，则只结束本层循环。

5-6：break 语句和
continue 语句

【例 5.11】输出 50 个 "*"，使用 break 控制数量。

程序代码：

```
#include <stdio.h>
int main()
{
    int i;
    for(i=1;;i++)
    {
        if(i>50) break;
        printf("*");
    }
    return 0;
}
```

程序运行结果如图 5.21 所示。

图 5.21　程序运行结果

2. continue 语句

若在循环体中遇到 continue 语句，则结束本次循环，进行下一次是否循环的判断。即 continue 语句后面的语句不被执行，但不影响下次循环。

【例 5.12】输出 50 个 "*"，使用 continue 控制数量。

程序代码：

```c
#include <stdio.h>
int main()
{
    int i;
    for(i=1;i<=100;i++)
    {
        if(i%2==0) continue;
        printf("*");
    }
    return 0;
}
```

程序运行结果如图 5.21 所示。

实例分析与实现

1. 编写程序输入 *N* 的值，输出图 5.22 所示的图形。

5-7：实例分析与
实现（1）

图 5.22　程序运行结果

分析：

先把图形分成两部分来看待，前 *N* 行一个规律，后 *N*-1 行一个规律。利用双重 for 循环，第 1 层控制行，第 2 层控制列。

程序代码：

```c
#include <stdio.h>
int main()
{
int i,j,k,n;
printf("请输入 N（控制行）的值: ");
scanf("%d",&n);
for(i=1;i<=n;i++)
{
    for(k=1;k<=n-i;k++)
        printf(" ");
    for(j=1;j<=2*i-1;j++)
        printf("*");
    printf("\n");
```

```
    }
for(i=1;i<=n-1;i++)
  {
    for(k=1;k<=i;k++)
      printf(" ");
    for(j=2*(n-i)-1;j>=1;j--)
      printf("*");
    printf("\n") ;
}
    return 0;
}
```

2. 求 100～200 之间的全部素数。

分析:

（1）设 m 是要被判断的数，其取值范围为 100～200。由于该范围内的偶数一定不是素数，因此只需要对该范围内的奇数逐个判断即可。

（2）判断 m 是否是素数的方法是检测 m 是否能被 $2～\sqrt{m}$ 之间的数整除。如果 m 能被 $2～\sqrt{m}$ 之间某一个整数整除，则 m 不是素数，否则就是素数。

5-8: 实例分析与实现（2）

（3）变量 k 的值设为 $\sqrt{m}$，循环变量 i 初值为 2，求 m 除以 i 的余数。余数为零，则 m 不是素数；余数非零，则 i 值加 1 继续判断，直到余数为零或 i 的值大于 k。此时如果 i 大于 k，说明 m 是素数。

（4）使用变量 n 进行计数，控制每行显示数据个数为 10 个。每找到一个素数，令 n 值加 1。当 n 的值能被 10 整除，则换行。

程序流程图如图 5.23 所示。

图 5.23　程序流程图

程序代码：

```
#include <stdio.h>
#include <math.h>
int main()
{
    int m,i,k,n=0;
    for(m=101;m<=200;m=m+2)
        {if(n%10==0) printf("\n");
         k=sqrt(m);
         for(i=2;i<=k;i++)
            if(m%i==0) break;
         if(i>k)  {printf("%4d",m);n=n+1;}
         }
    return 0;
}
```

程序运行结果如图 5.24 所示。

```
101  103  107  109  113  127  131  137  139  149
151  157  163  167  173  179  181  191  193  197
199
```

图 5.24　程序运行结果

📖 知识拓展　算法的时间复杂度

处理同一问题的算法不是唯一的，而一个算法的质量优劣将影响到算法乃至整个程序的效率。算法分析的目的在于选择合适的算法和改进算法。

算法的复杂性体现在运行该算法时计算机所需资源的多少。计算机资源中最重要的是时间资源和空间资源，因此算法复杂度分为时间复杂度和空间复杂度。时间复杂度是指执行算法所需要的计算工作量，而空间复杂度是指执行这个算法所需要的内存空间。这里主要讲述时间复杂度。

一个算法执行时所耗费的时间，从理论上是不能算出来的，必须上机运行测试才能知道。但程序设计员不可能也没必要对每个算法都上机测试，只需知道哪个算法花费的时间多，哪个算法花费的时间少就可以了。一个算法中语句的执行次数称为语句频度或时间频度。

某公司曾经为面试者出过这样的笔试题目：当 n 值较大时，编程计算 $1+2+3+\cdots+n$ 的值（假定结果不会超过长整型变量的范围）。当看到这个题目后，很多面试者毫不犹豫地写出了如下答案：

```
long  i,n,sum=0;
scanf("%ld",&n);
for(i=1;i<=n;i++)
sum+=i;
printf("sum=%ld",sum);
```

也有一些面试者略做思考之后写出了如下答案：

```
long  i,n,sum=0;
scanf("ld",&n);
sum=(1+n)*n/2;
printf("sum=%ld",sum);
```

第 1 个答案使用了循环结构，该方案简单易懂，循环体"sum+=i;"执行 n 次后得出答案；第 2 个答案使用了数学公式解决方案，该方案简单直接，执行一次表达式(1+n)*n/2 即可得出答案。但后者的时间复杂度明显优于前者。所以，优秀的程序员需要将数学等知识应用在程序设计中，在程序设计时，应充分考虑算法的质量。

算法的时间复杂度直接影响着程序的执行效率，需要在编程中时刻考虑，这也是对程序员的基本要求。但是这需要许多算法方面的知识。对于初学者来说，往往以完成题目要求的功能为目的，程序的执行效率是最容易忽略的一个问题，因此学习过程中要注意这种思想的培养，从学习之初就打下良好的基础。

同步练习

一、选择题

1. "for(i=1; i<9; i+=1);"循环共执行了（　　　）次。

   A. 7 　　　　　　B. 8 　　　　　　C. 9 　　　　　　D. 10

2. "int a=2; while(a=0) a－－;"循环共执行了（　　　）次。

   A. 0 　　　　　　B. 1 　　　　　　C. 2 　　　　　　D. 3

3. 执行完循环"for(i=1; i<100; i++);"后，*i* 的值为（　　　）。

   A. 99 　　　　　　B. 100 　　　　　　C. 101 　　　　　　D. 102

4. 以下 for 语句书写错误的是（　　　）。

   A. for(i=1;i<5;i++)　　B. i=1;for(;i<5;i++);　　C. for(i=1;i<5;i++);　　D. for(i=1;i<5;) i++;

5. （　　　）语句，在循环条件初次判断为假时，还会执行一次循环体。

   A. for 　　　　　　B. while 　　　　　　C. do-while 　　　　　　D. 以上都不是

6. 有以下程序段，其运行结果是（　　　）。

```
int i=5;
do{
      if(i%3==1)
         if(i%5==2)
         {
            printf("*%d",i);
            break;
         }
      i++;
   }while(i!=0);
```

   A. *2*6 　　　　　　B. *7 　　　　　　C. *5 　　　　　　D. *3*5

7. 若 *i*、*j* 已定义为 int 类型，则以下程序段中内循环体的执行次数是（　　　）。

```
for(i=5;i;i--)
  for(j=0;j<4;j++){…}
```

   A. 20 　　　　　　B. 24 　　　　　　C. 25 　　　　　　D. 30

8. 以下不构成无限循环的语句或语句组是（　　　）。

   A. n=10; while(n); {n－－;} 　　　　　　B. n=0; while(1) {n++;}

   C. n=0; do{++n;} while(n<=0); 　　　　　　D. for(n=0,i=1; ; i++) n+=i;

9. 有以下程序段，其运行结果是（　　　）。

```
int y=9;
for(;y>0;y--)
   if(y%3==0)
      printf("%d",--y);
```

   A. 875421 　　　　　　B. 963 　　　　　　C. 852 　　　　　　D. 741

10. 有以下程序段，其运行结果是（　　　）。

```
int i,j;
for(i=3;i>=1;i--)
{
   for(j=1;j<=2;j++)
      printf("%d",i+j);
   printf("\n");
}
```

   A. 2 3 4 　　　　B. 4 3 2 　　　　C. 2 3 　　　　D. 4 5

   　　3 4 5 　　　　　　5 4 3 　　　　　　3 4 　　　　　　3 4

   　　　　　　　　　　　　　　　　　　　　　4 5 　　　　　　2 3

二、填空题

1. 常用的循环结构语句分别是_____、_____、_____。

2. 循环体执行遇到 break 语句时，会_____本层循环。

3. 执行下面语句后，$s =$_____。

```
int i=1,s=0;
while(i++)
    if(!(i%3))
        break;
    else
        s+=i;
printf("%d",s);
```

4. 下面程序的功能是计算 1-3+5-7+…-99+101 的值，请填空完成程序。

```
#include <stdio.h>
int main( )
{
    int i=1,t=1,s=0;
    for(i=1;i<=101; i=i+2  )
        {_____;_____ }
    printf("%d\n",s);
    return 0;
}
```

5. 有 1 020 个西瓜，第一天卖一半多两个，以后每天卖剩下的一半多两个，请填空完成计算几天后卖完的程序。

```
int main( )
{
    int day,x1,x2;
    day=0;   x1=1020;
    while(_____)
    {
        x2=_____;
        x1=_____;
        day++;
    }
    printf("day=%d\n",day);
    return 0;
}
```

6. 输入若干个字符，分别统计数字字符的个数、英文字母的个数，当输入换行符时输出统计结果，运行结束。请填空完成该程序。

```
#include <stdio.h>
int main( )
{
    int s1=0,s2=0;
    charch;
    while((_____)!='\n')
    {
        if(ch>='0'&&ch<='9')
            s1++;
        if(ch>='a'&&ch<='z' ||_____)
            s2++;
    }
    printf("%d,%d",s1,s2);
    return 0;
}
```

三、写出程序的运行结果

1. 以下程序运行后，如果从键盘上输入 2   4，则输出结果为_____。

```c
#include <stdio.h>
int main( )
{
    int s=1,t=1,a,n;
    scanf("%d%d",&a,&n);
    for(int i=1;i<n;i++)
    {
        t=t*10+1;
        s=s+t;
    }
    s*=a;
    printf("SUM=%d\n",s);
    return 0;
}
```

2. 以下程序运行后，如果从键盘上输入 1298，则输出结果为＿＿＿＿＿＿＿＿。

```c
int main( )
{
    int n1,n2;
    scanf("%d",&n2);
    while(n2!=0)
    {
        n1=n2%10;
        n2=n2/10;
        printf("%d",n1);
    }
    return 0;
}
```

3. 以下程序运行后的输出结果为＿＿＿＿＿＿＿＿。

```c
int main ( )
{
    int s,i;
    for(s=0,i=1;i<3;i++,s+=i);
    printf("%d\n",s);
    return 0;
}
```

四、编程题

1. 找出 1 000 以内的所有"完数"。若一个数的各因子之和等于该数本身，则称其为"完数"。例如，6 的因子是 1、2、3，而 6=1+2+3，所以 6 是完数。28 也是完数，28=1+2+4+7+14。

2. 从键盘输入 n（n>0）个数，求它们的和并输出。

3. 从键盘输入两个正整数，求其最大公约数和最小公倍数。

单元6
数组

06

问题引入

中华民族是由56个民族组成的大家庭。各族人民共同创造了中华民族的悠久历史，共同缔造了我们伟大的祖国。民族团结是国家统一、繁荣昌盛的前提和保证。加强民族团结，维护祖国统一是中华民族的最高利益，也是各族人民的共同愿望。"56个民族，56朵花，56个兄弟姐妹是一家"，这是《爱我中华》中的一句歌词，歌曲用歌词表达出强烈的多民族和谐共存的愿望，用轻快的谱曲表达欢快，欣欣向荣的景象。

如果要在计算机内存中存储56个民族的名称，我们应该如何实现呢？实际上，这些数据是同类型的、具有相同属性的数据。

C语言提供了"数组"这一构造类型，来表示一批具有相同属性的数据。同时将数组与循环结合起来，可以快速地处理大批量的数据，极大地提高工作效率。那么我们还需要思考以下两个问题。

问题1：定义数组的一般格式是什么？数组中的每个数据如何表示、引用？

问题2：数组与循环结构的结合可以解决什么问题？

本单元学习任务

本单元学习任务如下。

1. 掌握一维数组和二维数组的定义、初始化及引用方法。
2. 理解并掌握数组的输入、输出、排序等基本操作。
3. 理解字符数组与字符串的关系，掌握字符串的基本操作。
4. 培养应用数组分析和解决实际问题的能力。

知识描述

6.1 一维数组

在程序设计中，为了处理方便，人们把具有相同类型的若干变量按有序的形式组织起来，这些按序排列的同类数据元素的集合称为数组。一个数组可以分解为多个数组元素，这些数组元素可以是基本数据类型或是构造类型。因此按数组元素的类型不同，数组又可分为数值数组、字符数组、指针数组、结构体数组等各种类别。

一维数组

6.1.1 一维数组的定义

在 C 语言中使用数组必须先定义。一维数组定义的一般形式为:

类型说明符 数组名 [常量表达式];

其中:类型说明符是任一种基本数据类型或构造数据类型;数组名是用户定义的数组标识符;方括号中的常量表达式表示数据元素的个数,也称为数组的长度。

6-1:初识一维数组

例如:

```
int a[10];                /*整型数组 a, 有 10 个元素*/
float b[10],c[20];        /*实型数组 b, 有 10 个元素, 实型数组 c, 有 20 个元素*/
char ch[20];              /*字符数组 ch, 有 20 个元素*/
```

关于数组类型应注意以下几点。

(1)数组的类型实际上是指数组元素的取值类型。对于同一个数组,其所有元素的数据类型都是相同的。

(2)数组名的书写规则应符合标识符的书写规则。

(3)数组名不能与其他变量名相同。

(4)方括号中常量表达式表示数组元素的个数,如 a[5] 表示数组 a 有 5 个元素。但是其下标从 0 开始计算。因此 5 个元素分别为 a[0]、a[1]、a[2]、a[3]、a[4]。

(5)不能在方括号中用变量来表示元素的个数,但是可以用符号常量或常量表达式。

例如,下述数组定义是合法的:

```
#define FD 5
int main()
{
   int a[3+2],b[7+FD];
       …
}
```

但是下述说明方式是错误的:

```
#include <stdio.h>
int main()
{
  int n=5;
  int a[n];
  …
}
```

(6)C 编译系统为数组分配了连续的存储空间,数组名代表数组在内存中存放的首地址。如整型数组 a[10],其存储情况如图 6.1 所示,每个存储单元占 4 字节。

数组元素	存储区
a[0]	15 ← a
a[1]	16
a[2]	17
⋮	⋮
a[9]	24

图 6.1　数组 a[10] 的存储情况

6-2:一维数组的
初始化

6.1.2 一维数组的初始化

给数组赋值的方法除了用赋值语句对数组元素逐个赋值外,还可采用初始化赋值和动态赋值的方法。

初始化赋值即在定义数组时赋值，其一般形式为：

```
类型说明符 数组名[常量表达式]={值,值…值};
```

其中，在{ }中的各数值即为各元素的初值，各值之间用逗号间隔。例如：

```
int a[10]={ 0,1,2,3,4,5,6,7,8,9 };
```

相当于

```
a[0]=0;a[1]=1…a[9]=9;
```

C语言对数组的初始化赋值还有以下几点规定。

（1）可以只给部分元素赋初值。当{ }中值的个数少于元素个数时，只给前面部分元素赋值。例如：

```
int a[10]={0,1,2,3,4};
```

表示只给 a[0]～a[4]这 5 个元素赋值，而后 5 个元素自动赋 0 值。

（2）只能给元素逐个赋值，不能给数组整体赋值。例如给 10 个元素全部赋 1 值，只能写为：

```
int a[10]={1,1,1,1,1,1,1,1,1,1};
```

而不能写为：

```
int a[10]=1;
```

如给全部元素赋值，则在数组说明中可以不给出数组元素的个数。例如：

```
int a[5]={1,2,3,4,5};
```

可写为：

```
int a[]={1,2,3,4,5};
```

在第 2 种写法中，大括号中有 5 个数，系统就会据此自动定义 a 数组的长度为 5。

6-3：一维数组元素
的引用

6.1.3 一维数组元素的引用

数组元素是组成数组的基本单元。数组元素也是一种变量，其标识方法为数组名后跟一个下标。下标表示了元素在数组中的顺序号。数组元素的一般表示形式为：

```
数组名[下标]
```

其中，下标只能为整型常量或整型表达式。例如：a[5]、a[i+j]、a[i++]都是合法的数组元素。

数组元素通常也称为下标变量。必须先定义数组，才能使用下标变量。在C语言中只能逐个地使用下标变量，而不能一次引用整个数组。例如，输出有 10 个元素的数组必须使用循环语句逐个输出各下标变量。

```
for(i=0; i<10; i++)
    printf("%d",a[i]);
```

【例 6.1】 为数组 a 赋值，使 a[0]～a[9]的值为 0～9，并按逆序输出。

```
#include <stdio.h>
int main()
{
    int i,a[10];
    for(i=0;i<=9;i++)
        a[i]=i;         //为数组元素赋初值
    for(i=9;i>=0;i--)
        printf("%d",a[i]);    //输出各数组元素
    return 0;
}
```

程序运行结果如图 6.2 所示。

【例 6.2】 用数组来处理 Fibonacci 数列问题。

分析：

Fibonacci 数列的各项遵循以下特点：

$$f(n)=\begin{cases} 1 & n=1 \\ 1 & n=2 \\ f(n-1)+f(n-2) & n\geqslant 3 \end{cases}$$

可以发现，除了第 1、2 项，从第 3 项开始，每一项都是前面两项之和。将 Fibonacci 数列的前 N 项依次放入数组之中，用循环语句从第 3 项开始求解。

程序流程图如图 6.3 所示。

图 6.2　程序运行结果

图 6.3　例 6.2 程序流程图

程序代码如下：

```c
#include <stdio.h>
#define N 20
int main()
{
    int i;
    int f[N]={1,1};
    for(i=2;i<N;i++)
        f[i]=f[i-2]+f[i-1];
for(i=0;i<N;i++)
{
    if(i%5==0) printf("\n");
    printf("%12d",f[i]);
}
printf("\n");
return 0;
}
```

程序运行结果如图 6.4 所示。

图 6.4　程序运行结果

【例 6.3】某位同学一学期有 10 门课，根据每门课程的得分情况，试查找出其最高分和最低分。

分析：

定义一个包含 10 个元素的数组 a[10] 来存放 10 门课成绩，定义变量 max 表示最高分、min 表示最低分。先假定最高分和最低分均为 a[0]，然后利用 for 循环随着 i 的变化依次访问 a[1]～a[9]。在此过程中，让 max 和 min 与每一个分数 a[i] 进行比较，最终得到所有分数的最高分和最低分。

程序流程图如图6.5所示。

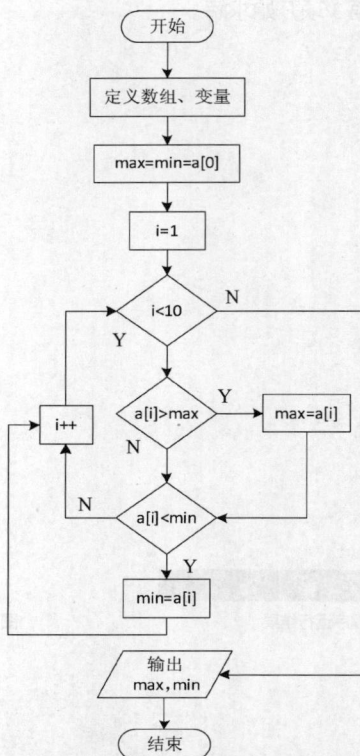

图6.5 例6.3程序流程图

程序代码：

```
#include <stdio.h>
int main( )
{
 int a[10],i,max,min;
 printf("请输入10门课程的得分: ");
 for(i=0;i<10;i++)                  //输入课程分数
     scanf("%d",&a[i]);
 max=min=a[0];                      //假设最高分和最低分均为a[0]
 for(i=1;i<10;i++)                  //依次与各个元素进行比较
    { if(a[i]>max)   max=a[i];
      if(a[i]<min)   min=a[i];
    }
 printf("最高分为:%d,最低分为:%d",max,min);        //输出最高分和最低分
 return 0;
}
```

程序运行结果如图6.6所示。

请输入10门课程的得分: 99 84 77 88 59 67 100 81 80 93
最高分为:100,最低分为:59

图6.6 程序运行结果

在数据处理过程中，经常会遇到排序的问题。排序的方法很多，如交换法、选择法、希尔排序法、插入法等，不同方法的执行效率不同。对排序方法的全面分析研究是算法分析或数据结构课程的任务，本书不做详述。下面介绍一种有代表性的排序算法，这一算法在C程序中要通过数组来实现。

【例 6.4】用"冒泡法"对 10 个整数进行由小到大排序。

分析：

冒泡法排序是对相邻的两个数进行比较，将小的数调到前面。下面以 5 个数为例说明排序过程。设：

```
int a[5]={10,7,4,5,8};
```

则排序过程如下：

```
a[0]  10 ←─7     7      7      7
a[1]   7 ←─10 ←─4      4      4
a[2]   4     4 ←─10 ←─5      5
a[3]   5     5     5 ←─10 ←─8
a[4]   8     8     8     8 ←─10
     第1次 第2次 第3次 第4次  结果
```

可以看出，通过第 1 轮的比较和交换，最大值沉到了底部，这正是我们所希望的，所以 a[4] 不需要再参与第 2 轮比较。

```
a[0]   7 ←─4     4      4
a[1]   4 ←─7 ←─5      5
a[2]   5     5 ←─7 ←─7
a[3]   8     8     8     8
     第1次 第2次 第3次  结果
```

如此通过 4 轮比较和交换后，就可以将 5 个数按由小到大排好序了。

程序流程图如图 6.7 所示。

图 6.7　例 6.4 程序流程图

程序代码如下：

```
#include <stdio.h>
int main()
{
  int i,j,t,a[10];
  printf("input 10 numbers:");
  for(i=0;i<10;i++)
    scanf("%d",&a[i]);
```

```
    printf("\n");
     /*  冒泡排序  */
    for(i=0;i<9;i++)                    // 9 轮比较与交换
        for(j=0;j<9-i;j++)
          if(a[j]>a[j+1])
          {
            t=a[j];
            a[j]=a[j+1];
            a[j+1]=t;
          }
    printf("the sorted numbers:");  //输出排序结果
    for(j=0;j<10;j++)
        printf("%5d",a[j]);
    printf("\n");
        return 0;
}
```

程序运行结果如图 6.8 所示。

```
input 10 numbers:13 53 68 93 84 20 100 109 25 200

the sorted numbers:   13   20   25   53   68   84   93  100  109  200
```

图 6.8　程序运行结果

以上程序中的外循环用来控制比较和交换的轮次，内循环用来控制每轮比较的次数。可以看出，对 n 个数用冒泡法排序，需要进行 $n-1$ 轮的比较，每一轮的比较次数分别为 $n-1$ 次、$n-2$ 次、$\cdots$、2、1。

【练一练】
（1）用一个数组存放 10 个学生的年龄，年龄由用户输入，然后分别按照正序和反序显示。
（2）用选择法对 10 个整数进行由大到小排序。

6.2　二维数组

前面介绍的数组只有一个下标，称为一维数组，其数组元素也称为单下标变量。在实际问题中有很多量是二维的或多维的，因此 C 语言允许构造多维数组。多维数组元素有多个下标，以标识它在数组中的位置，所以也称为多下标变量。本节只介绍二维数组，多维数组可由二维数组类推。

6-5：二维数组的定义　　二维数组

6.2.1　二维数组的定义

二维数组定义的一般形式是：

类型说明符 数组名[常量表达式 1][常量表达式 2]；

> **说明**　（1）"常量表达式 1"表示第 1 维下标的长度，"常量表达式 2"表示第 2 维下标的长度，两个表达式分别用方括号括起来。
>
> （2）C 编译系统为二维数组分配连续的存储空间，将二维数组元素按行依次存储，数组名代表数组在内存中存放的首地址。

例如：

```
int a[3][3];
```

定义了一个 3 行 3 列的数组，所包含的数组元素及其存储情况如图 6.9 所示，先存放 a[0]行，再存放 a[1]行，以此类推。每行的元素也是依次存放的，每个存储单元占 4 个字节。

a[0]行			a[1]行			a[2]行		
a[0][0]	a[0][1]	a[0][2]	a[1][0]	a[1][1]	a[1][2]	a[2][0]	a[2][1]	a[2][2]

图 6.9　整型二维数组 a[3][3]存储情况

6.2.2　二维数组的初始化

二维数组初始化也是在类型说明时给各下标变量赋以初值，以数组元素的存储顺序为依据。二维数组可按行分段赋值，也可按行连续赋值。例如对整型数组 a[3][3]，按行分段赋值可写为：

```
int a[3][3]={ {80,75,92},{61,65,71},{59,63,70} };
```

按行连续赋值可写为：

```
int a[3][3]={ 80,75,92,61,65,71,59,63,70 };
```

这两种赋初值的结果是完全相同的。赋值后的二维数组如图 6.10 所示。

6-6：二维数组的
初始化

a[0]行			a[1]行			a[2]行		
a[0][0]	a[0][1]	a[0][2]	a[1][0]	a[1][1]	a[1][2]	a[2][0]	a[2][1]	a[2][2]
80	75	92	61	65	71	59	63	70

图 6.10　二维数组 a[3][3]初始化结果

【例 6.5】输出二维数组矩阵。

```c
#include <stdio.h>
int main()
{
  int i,j;
  int a[5][3]={{80,75,92},{61,65,71},{59,63,70},{85,87,90},{76,77,85}};
  for(i=0;i<5;i++)
    { for(j=0;j<3;j++)
          printf("%d",a[i][j]);
      printf("\n");
    }
  return 0;
}
```

程序运行结果如图 6.11 所示。

除以上两种赋值方法外，二维数组同样也可以对部分元素赋初值。未赋初值的元素自动取 0 值。例如：

```
int a[3][3]={{1},{2},{3}};
```

是对每一行的第 1 列元素赋值，未赋值的元素取 0 值。赋值后各元素的值如图 6.12 所示。

80	75	92
61	65	71
59	63	70
85	87	90
76	77	85

图 6.11　程序运行结果

a[0][0]	a[0][1]	a[0][2]	a[1][0]	a[1][1]	a[1][2]	a[2][0]	a[2][1]	a[2][2]
1	0	0	2	0	0	3	0	0

图 6.12　二维数组 a[3][3]初始化结果

又如：

```
int a [3][3]={{0,1},{0,0,2},{3}};
```

赋值后各元素的值如图 6.13 所示。

a[0][0]	a[0][1]	a[0][2]	a[1][0]	a[1][1]	a[1][2]	a[2][0]	a[2][1]	a[2][2]
0	1	0	0	0	2	3	0	0

图 6.13　二维数组 a[3][3]初始化结果

若对二维数组中全部元素赋初值，则第 1 维的长度可以不给出。

例如：

```
int a[3][3]={1,2,3,4,5,6,7,8,9};
```

可以写为：

```
int a[][3]={1,2,3,4,5,6,7,8,9};
```

从本节的介绍中可以看到：C 语言在定义数组和表示数组元素时采用 a[ ][ ]这种形式，对数组初始化十分有用，它使概念清楚、使用方便，不易出错。

6.2.3　二维数组元素的引用

二维数组的元素也称为双下标变量，其表示的形式为：

数组名[下标][下标]

其中下标应为整型常量或整型表达式。

二维数组元素的访问涉及第 1 维和第 2 维两个下标，所以对二维数组的操作通常和双重循环结合。

【例 6.6】 求二维数组（5 行 5 列）中最大元素值及其行列号。

6-7：二维数组元素
的引用

分析：

5 行 5 列的矩阵共有 25 个数据，可以定义一个 5 行 5 列的二维数组来存放这些数据，并定义数组中的第 1 个元素为最大值，然后利用循环语句，让第 1 个元素与后面的元素进行比较，如果有更大者，便赋值给最大值，同时记录下最大值的行号和列号。

程序流程图如图 6.14 所示。

图 6.14　例 6.6 程序流程图

程序代码如下：

```
#include<stdio.h>
int main( )
```

```
{
    int a[5][5],i,j,x,y,max;
    printf("请输入 25 个数: ");
    for(i=0;i<5;i++)
    {
        for(j=0;j<5;j++)
        {
            scanf("%d",&a[i][j]);
        }
    }
    max=a[0][0];
    for(i=0;i<5;i++)
    {
        for(j=0;j<5;j++)
        {
            if(max<a[i][j])
            {
                max=a[i][j];
                x=i;
                y=j;
            }
        }
    }
    printf("最大值为 a[%d][%d]=%d",x,y,max);
    return 0;
}
```

程序运行结果如图 6.15 所示。

```
请输入25个数: 1 2 3 4 5 6 7 8 9 0 11 12 13 14 15 16 17 18 19 20 21 22 23 24 25
最大值为a[4][4]=25
```

图6.15 程序运行结果

【例 6.7】一个学习小组有 5 个人，每个人有 3 门课的考试成绩，如表 6.1 所示。求全组分科的平均成绩和各科总平均成绩（保留 2 位小数）。

表 6.1 分组成绩

	张	王	李	赵	周
Math	80	61	59	85	76
C	75	65	63	87	77
Foxpro	92	71	70	90	85

分析：

可设一个二维数组 a[5][3]存放 5 个人 3 门课的成绩。再设一个一维数组 v[3]存放所求的各分科平均成绩。设变量 average 为全组各科总平均成绩。通过循环来接收用户输入的成绩，放入数组 *a* 中，同时统计各科总成绩。每接收完一科成绩，计算出单科的平均成绩，存入数组 *v* 中，最后通过计算数组 *v* 中的平均值得到全科的平均成绩。

程序代码如下：

```
#include <stdio.h>
int main( )
{
    int i,j;
    float average,v[3],a[5][3],s=0;
    printf("input score\n");
    for(i=0;i<3;i++)
    {
        for(j=0;j<5;j++)
```

```
        {
            scanf("%f",&a[j][i]);
            s=s+a[j][i];
        }
        v[i]=s/5.0;
        s=0;
    }
    average =(v[0]+v[1]+v[2])/3.0;
    printf("Math:%.2f\nC language:%.2f\nFoxpro:%.2f\n",v[0],v[1],v[2]);
    printf("average:%.2f\n", average );
    return 0;
}
```

程序运行结果如图6.16所示。

```
input score
80 61 59 85 76 75 65 63 87 77 92 71 70 90 85
Math:72.20
C language:73.40
Foxpro:81.60
average:75.73
```

图6.16　程序运行结果

程序中用了一个双重循环。在内循环中依次读入某一门课程的各个学生的成绩，并把这些成绩累加起来，退出内循环后再把该累加成绩除以5存入v[i]之中，这就是该门课程的平均成绩。外循环共循环3次，分别求出3门课各自的平均成绩并存放在v数组之中。退出外循环之后，把v[0]、v[1]、v[2]相加除以3即得到各科总平均成绩。最后按题意输出各成绩。

【练一练】

1. 编写程序，实现读取学生的学号和英语成绩信息（如表6.2所示），并输出。

表6.2　学生的学号和英语成绩

学号	1	2	3	4	5	6	7	8	9	10
成绩	81	65	90	91	57	80	65	70	89	60

2. 根据上题成绩库中的成绩，查找英语成绩为90的学生的学号，并输出。

6.3　字符数组和字符串

字符数组是存放字符型数据的数组，其中每个数组元素存放的值都是单个字符。字符数组分为一维字符数组和二维字符数组。一维字符数组可以存放一个字符串，一维字符数组的长度至少要比字符串的长度多1个字节，这是因为字符串的结束标志"\0"也要存放在字符数组中。字符数组名代表字符串在内存中的起始地址。二维字符数组可以存放多个字符串。

6.3.1　字符数组

6-8：字符数组

1. 字符数组的定义

字符数组用来存放字符数据。字符数组中的一个元素存放一个字符。

字符数组的定义形式与前面介绍的数值数组相同，只是数组类型需定义为字符型。例如：

```
char c[10];    /*定义一个包含10个字符的数组*/
```

字符数组也可以是二维或多维数组。例如：

```
char c[5][10];        /*定义一个 5 行 10 列的字符数组*/
```

即定义了一个二维字符数组。

2. 字符数组的初始化

字符数组也允许在定义时进行初始化赋值。例如:

```
char c[10]={'c', '', 'p','r','o','g','r','a','m'};
```

赋值后各元素的值为:

```
c[0]的值为'c'
c[1]的值为''
c[2]的值为'p'
c[3]的值为'r'
c[4]的值为'o'
c[5]的值为'g'
c[6]的值为'r'
c[7]的值为'a'
c[8]的值为'm'
```

其中 c[9]未赋值,系统自动赋予 0 值。当对全体元素赋初值时也可以省去长度说明。例如:

```
char c[]={'c','','p','r','o','g','r','a','m'};
```

这时 c 数组的长度自动定为 9。

3. 字符数组的引用

通过对字符数组中元素的引用,可以得到一个字符。

【例 6.8】输出字符数组中各元素的值。

```
#include <stdio.h>
int main()
{
    int i,j;
    char a[][5]={{'C','H','I','N','A',},{'B','a','s','i','c'}};
    for(i=0;i<=1;i++)
      {
        for(j=0;j<=4;j++)
            printf("%c",a[i][j]);
        printf("\n");
      }
    return 0;
}
```

程序运行结果如图 6.17 所示。

本例的二维字符数组由于在初始化时全部元素都赋以初值,因此一维下标的长度可以不加以说明。

【例 6.9】逐个输入 10 个大写字母,依次打印其所对应的小写字母。

分析:

定义一个字符数组用来存放输入的字母,大写字母与小写字母之间通过 ASCII 值进行转换,输出转换后的字符数组中各元素的值。

程序代码如下:

```
#include <stdio.h>
int main( )
{
    int  i;
    char  s[10];
    printf("请输入 10 个大写字母: \n");
    for(i=0;i<10;i++)
        scanf("%c",&s[i]);
    for(i=0;i<10;i++)
        printf("%c", s[i]);
    printf("的小写形式为: ");
```

图 6.17　程序运行结果

```
    for(i=0;i<10;i++)
        printf("%c", s[i]+32);
    return 0;
}
```

程序运行结果如图 6.18 所示。

请输入10个大写字母：
HELLOWORLD
HELLOWORLD的小写形式为：helloworld

图6.18　程序运行结果

6.3.2　字符串及其处理函数

6-9：字符串

1．字符串

在C语言中没有专门的字符串变量，通常用一个字符数组来存放一个字符串。前面介绍字符串常量时，已说明字符串总是以'\0'作为串的结束符。因此当把一个字符串存入一个数组时，也把结束符'\0'存入数组，并以此作为该字符串是否结束的标志。C语言允许用字符串的方式对数组进行初始化赋值。例如：

```
char c[]={'c',' ','p','r','o','g','r','a','m'};
```

可写为：

```
char c[]={"C program"};
```

或

```
char c[]="C program";
```

本例用一个字符串作为初值。显然，这种方法直观、方便且符合人们的习惯。赋值后，数组 *c* 的长度不是 9，而是 10，这点务必注意。

用字符串方式赋值比用字符逐个赋值要多占一个字节，用于存放字符串结束标志'\0'。'\0'是由 C 编译系统自动加上的。由于采用了'\0'标志，所以在用字符串赋初值时一般无须指定数组的长度，而由系统自行处理。

在采用字符串方式后，字符数组的输入/输出将变得简单方便。除了上述用字符串赋初值的办法外，还可用 printf 函数和 scanf 函数一次性输出/输入一个字符数组中的字符串，而不必使用循环语句逐个地输入/输出每个字符。

【例 6.10】用 printf 函数输出字符串。

```
#include <stdio.h>
int main()
{
    char c[]="CHINA\nhello";
    printf("%s\n",c);
    return 0;
}
```

程序运行结果如图 6.19 所示。

输出字符不包括结束符'\0'。注意在本例的 printf 函数中，使用的格式字符串为"%s"，表示输出的是一个字符串，而在输出表列中给出数组名即可。

CHINA
hello

图6.19　程序运行结果

【例 6.11】用 scanf 函数输入字符串。

```
#include <stdio.h>
int main()
{
    char st[15];
    printf("input string:\n");
    scanf("%s",st);
    printf("%s\n",st);
    return 0;
```

}

程序运行结果如图 6.20 所示。

图 6.20　程序运行结果

本例中由于定义数组长度为 15，因此输入的字符串长度必须小于 15，以留出一个字节用于存放字符串结束标志'\0'。

> **小提示**　当用 scanf 函数输入字符串时，字符串中不能含有空格，否则将以空格作为字符串的结束符。
>
> 从上例输出结果可以看出，空格以后的字符都未能输出。为了避免这种情况，可多设几个字符数组，分段存放含空格的串。

【例 6.12】用多个字符数组存放含空格的字符串。

```
#include <stdio.h>
int main()
{
    char st1[6],st2[6]
    printf("input string:\n");
    scanf("%s%s",st1,st2);
    printf("%s %s\n",st1,st2);
    return 0;
}
```

程序运行结果如图 6.21 所示。

图 6.21　程序运行结果

6-10：字符串处理
函数（1）

2. 常用字符串处理函数

C 语言提供了丰富的字符串处理函数，大致可分为字符串的输入、输出、合并、修改、比较、转换、复制、搜索等。使用这些函数可减轻编程的负担。

> **小提示**　用于输入/输出的字符串函数，在使用前应包含头文件"stdio.h"，使用其他字符串函数则应包含头文件"string.h"。

下面介绍几种最常用的字符串函数。

（1）字符串输出函数 puts()。

其一般形式为：puts(字符数组名)

功能：把字符数组中的字符串输出到显示器，即在屏幕上显示该字符串。

【例 6.13】用 puts()函数在屏幕上输出一个字符串。

```
#include"stdio.h"
int main()
{
    char c[]="c language\nprogram";
    puts(c);
```

```
    return 0;
}
```

程序运行结果如图 6.22 所示。

从程序中可以看出 puts 函数中可以使用转义字符，因此输出结果成为两行。puts 函数完全可以由 printf 函数取代。当需要按一定格式输出时，通常使用格式输出函数 printf。

图 6.22　程序运行结果

（2）字符串输入函数 gets()。

其一般形式为：gets（字符数组名）

功能：从键盘上输入一个字符串，本函数得到一个函数值，即为该字符数组的首地址。

【例 6.14】用 gets()函数接收用户输入的字符串，并输出。

```
#include"stdio.h"
int main()
{
    char st[15];
    printf("input string:\n");
    gets(st);
    puts(st);
    return 0;
}
```

程序运行结果如图 6.23 所示。

图 6.23　程序运行结果

可以看出，当输入的字符串中含有空格时，输出仍为全部字符串。说明 gets 函数并不以空格作为字符串输入结束的标志，而只以回车作为输入结束。这是与 scanf 函数不同的。

小提示　用 puts 和 gets 函数只能输出或输入一个字符串，不能写成：
puts(str1,str2)或 gets(str1,str2)

（3）字符串连接函数 strcat()。

其一般形式为：strcat(字符数组名 1,字符数组名 2)

功能：把字符数组 2 中的字符串连接到字符数组 1 中字符串的后面，结果放在字符数组 1 中，并删去字符串 1 后的串标志'\0'。本函数返回值是字符数组 1 的首地址。

【例 6.15】根据用户输入的姓名 x，输出"My name is x"。

```
#include"string.h"
#include "stdio.h"
int main()
{
    static char st1[30]="My name is ";
    char st2[10];
    printf("input your name:\n");
    gets(st2);
    strcat(st1,st2);
    puts(st1);
    return 0;
}
```

程序运行结果如图 6.24 所示。

本程序把初始化赋值的字符数组与动态赋值的字符串连接起来。要注意的是，字符数组 1 应定义足够的长度，否则不能全部装入被连接的字符串。

（4）字符串复制函数 strcpy()。

其一般形式为：strcpy（字符数组名 1,字符数组名 2）

功能：把字符数组 2 中的字符串复制到字符数组 1 中。串结束标志'\0'也一同复制。"字符数组名 2"也可以是一个字符串常量，这时相当于把一个字符串赋予一个字符数组。

【例 6.16】将字符串复制到另一数组后输出。

```
#include"string.h"
#include "stdio.h"
int main()
{
    char st1[15],st2[]="C Language";
    strcpy(st1,st2);
    puts(st1);
    return 0;
}
```

程序运行结果如图 6.25 所示。

图 6.25　程序运行结果

小提示　在使用 strcpy 函数时应注意以下几点。

（1）字符数组 1 必须定义得足够大，以便容纳被复制的字符串。字符数组 1 的长度不应小于字符串 2 的长度。

（2）字符数组 1 必须写成数组名形式，字符串 2 可以是字符数组名，也可以是一个字符串常量。

（3）如果在复制前未对字符数组赋值，则字符数组 1 各字节中的内容是无法预知的，复制时将字符数组 2 中的字符串和其后的'\0'一起复制到字符数组 1 中，取代字符数组 1 中的字符。

（5）测字符串长度函数 strlen()。

其一般形式为：strlen（字符数组名）

功能：求字符串的实际长度（不含字符串结束标志'\0'），并作为函数返回值。

【例 6.17】求输入字符串的实际长度。

```
#include<string.h>
#include<stdio.h>
int main()
{
    int length;
    char st[20];
    printf("请输入一个字符串: \n");
    gets(st);
    length=strlen(st);
    printf("输入的字符串为: ");
    puts(st);
    printf("字符串的长度为: %d\n",length);
    return 0;
}
```

6-11: 字符串处理函数（2）

程序运行结果如图 6.26 所示。

图6.26　程序运行结果

（6）字符串比较函数 strcmp()。

其一般形式为：strcmp(字符数组名 1,字符数组名 2)

功能：按照 ASCII 码顺序比较两个数组中的字符串，并由函数返回值返回比较结果。

例如：

```
strcmp(st1,st2);
strcmp("hello","world");
strcmp(st1,"China") ;
```

字符串比较的规则与其他语言中的规则相同，即对两个字符串自左至右逐个字符相比，直到出现不同的字符或遇到'\0'为止。如全部字符相同，则认为两个字符串相等；若出现不同的字符，则以第一个不相同的字符的比较结果为准。函数返回的结果值如下。

- 字符串 1=字符串 2，返回值=0。
- 字符串 1>字符串 2，返回值>0。
- 字符串 1<字符串 2，返回值<0。

小提示　对两个字符串进行比较，不能用以下形式：

```
if(st1<st2)
```
而只能用：
```
if(strcmp(st1,st2)>0)
```

【例 6.18】比较两个字符串的大小。

```
#include"string.h"
#include "stdio.h"
int main()
{
    int k;
    static char st1[15],st2[]="C Language";
    printf("input a string:\n");
    gets(st1);
    k=strcmp(st1,st2);
    if(k==0) printf("st1=st2\n");
    if(k>0)  printf("st1>st2\r.");
    if(k<0)  printf("st1<st2\r.");
    return 0;
}
```

程序运行结果如图 6.27 所示。

图6.27　程序运行结果

本程序中把输入的字符串和数组 st2 中的串比较，比较结果返回到 k 中，根据 k 值再输出结果。当输入为"hello world"时，由 ASCII 码可知"hello world"大于"C Language"，故 k>0，输出结果"st1>st2"。

【例 6.19】为了保证信息的安全，大多数系统都含有用户登录模块。只有输入正确的用户名和密码之后才能进行相应的操作。本例即编写程序实现一个用户登录功能。

分析:

要想成功登录，输入的密码和原密码要一致。也就是说，两个字符串要进行比较。这里就用到了我们的字符串比较函数 strcmp()。定义字符数组，可用于存放原密码及用户输入的密码；若输入密码不正确，可再进行尝试，这里考虑通过循环来实现多次尝试输入；若输入密码正确，则提示登录成功，循环结束。

程序流程图如图 6.28 所示。

图 6.28　例 6.19 程序流程图

程序代码如下:

```c
#include <stdio.h>
#include <string.h>
int main( )
{
    char s[20];
    char password[]="right";
    int r=1;
    printf("欢迎登录学生管理系统! \n");
    while(1)
    {
        printf("请输入正确的密码: ");
        gets(s);
        r=strcmp(s,password);
        if(r==0)
        {
            printf("密码正确，登录成功! \n");
            break;
        }
        else
            printf("密码错误! \n");
    }
    return 0;
}
```

程序运行结果如图 6.29 所示。

【练一练】

输入两个字符串 str1 和 str2，比较后将较大的字符串存放在 str1 中，将较小的存放在 str2 中，并输出 str1 和 str2。

```
欢迎登录学生管理系统!
请输入正确的密码: coco
密码错误!
请输入正确的密码: right
密码正确，登录成功!
```

图 6.29　程序运行结果

实例分析与实现

6-12：实例分析与实现

1. 把一个整数按大小顺序插入已排好序的数组中。

分析：

为了把一个数按大小插入已排好序的数组中，应首先确定排序是从大到小还是从小到大进行的。设排序是从大到小进行的，则可把欲插入的数与数组中各数逐个比较，当找到第一个比插入数小的元素 i 时，该元素之前即为插入位置。然后从数组最后一个元素到元素 i，逐个后移一个单元。最后把插入数赋予元素 i 即可。如果被插入数值比所有的元素值都小，则插入到最后的位置。

程序代码如下：

```c
#include <stdio.h>
int main()
{
    int i,j,p,q,s,n,a[11]={127,3,6,28,54,68,87,105,162,18};
    for(i=0;i<10;i++)
    {
        p=i;q=a[i];
        for(j=i+1;j<10;j++)
            if(q<a[j])
                {p=j;q=a[j];}
        if(p!=i)
        {
            s=a[i];
            a[i]=a[p];
            a[p]=s;
        }
        printf("%d ",a[i]);
    }
    printf("\ninput number:\n");
    scanf("%d",&n);
    for(i=0;i<10;i++)
        if(n>a[i])
        {
            for(s=9;s>=i;s--)
                a[s+1]=a[s];
            break;
        }
    a[i]=n;
    for(i=0;i<=10;i++)
        printf("%d ",a[i]);
    printf("\n");
    return 0;
}
```

程序运行结果如图 6.30 所示。

2. 输入 5 个国家的名称，按字母顺序排列输出。

分析：

5 个国家名应由一个二维字符数组来处理。对于二维数组，我

```
162 127 105 87 68 54 28 18 6 3
input number:
34
162 127 105 87 68 54 34 28 18 6 3
```

图 6.30　程序运行结果

们可以当成多个一维数组处理，因此本题可以按 5 个一维数组来处理，而每个一维数组就是一个国家名字符串。用字符串比较函数比较各一维数组的大小，并排序，输出排序结果即可。

程序代码如下：

```c
#include <stdio.h>
#include <string.h>
```

```
int main( )
{
    char st[20],cs[5][20];
    int i,j,p;
    printf("input country's name:\n");
    for(i=0;i<5;i++)
     gets(cs[i]);
    printf("\n");
    for(i=0;i<5;i++)
    {
        p=i;strcpy(st,cs[i]);
        for(j=i+1;j<5;j++)
            if(strcmp(cs[j],st)<0)
                {
                    p=j;
                    strcpy(st,cs[j]);
                }
        if(p!=i)
        {
        strcpy(st,cs[i]);
        strcpy(cs[i],cs[p]);
        strcpy(cs[p],st);
        }
     puts(cs[i]);
    }
 printf("\n");
 return 0;
}
```

程序运行结果如图 6.31 所示。

```
input country's name:
China
America
Singapore
Germany
Denmark

America
China
Denmark
Germany
Singapore
```

图 6.31　程序运行结果

拓展练习

知识拓展　算法的空间复杂度

　　一个程序的空间复杂度是指运行完一个程序所需内存的大小。通过了解程序的空间复杂度，可以对程序运行所需要的内存多少有个预估计。程序执行时所需存储空间包括存储算法本身所占用的存储空间、算法的输入/输出数据所占用的存储空间和算法在运行过程中临时占用的存储空间这三方面。

　　在编码时，有时可以用空间来换取时间。比如说，要判断某年是不是闰年，这里有两个算法，一种是每次给出一个年份，通过计算得到是否是闰年的结果；另一种算法是事先建立一个大数组（如数组元素个数为 1 000），把所有的年份按下标的数字对应，如果该年是闰年，数组元素值为 1；若不是闰年，数据元素值为 0，这样，所谓的判断某一年是否是闰年，就变成了查找这个数组的某一项的值是多少的问题。第 2 种算法中，运算是最小化了，但是存储需要的空间就变大了。

　　算法的输入/输出数据所占用的存储空间是由需要解决的问题决定的。存储算法本身所占用的存储空间与算法书写的长短成正比。要压缩这方面的存储空间，就需编写精练的算法。算法在运行过程中临时占用的存储空间随算法的不同而异，有的算法只需要占用少量的临时工作单元，而且不随问题规模的大小而改变；有的算法需要占用的临时工作单元数量与解决问题的规模有关。

对于一个算法，其时间复杂度和空间复杂度往往是相互影响的。当追求一个较好的时间复杂度时，可能会使空间复杂度的性能变差，即可能导致占用较多的存储空间；反之，当追求一个较好的空间复杂度时，可能会使时间复杂度的性能变差，即可能导致占用较长的运行时间。另外，算法的所有性能之间都存在着或多或少的相互影响。因此，设计一个算法时，要综合考虑算法的各项性能、使用频率、算法处理的数据量大小、算法描述语言的特性、算法运行的硬件环境等各方面因素，这样才能设计出较好的算法。

同步练习

一、选择题

1. 以下不能对一维数组 *a* 进行正确初始化的语句是（　　　）。

    A．int a[10]={0,0,0,0,0};　　　　　　　　　　B．int a[10]={};

    C．int a[] = {0};　　　　　　　　　　　　　　D．int a[10]={10*1} ;

2. 在 C 语言中，引用数组元素时，其数组下标的数据类型允许是（　　　）。

    A．整型常量　　　　　　　　　　　　　　　　B．整型表达式

    C．整型常量或整型表达式　　　　　　　　　　D．任何类型的表达式

3. 对于以下说明语句，理解正确的是（　　　）。

```
int a[10]={6,7,8,9,10};
```

    A．将 5 个初值依次赋给 a[1]到 a[5]

    B．将 5 个初值依次赋给 a[0]到 a[4]

    C．将 5 个初值依次赋给 a[6]到 a[10]

    D．因为数组长度与初值的个数不相同，所以此语句不正确

4. 若有说明"int a[3][4];"，则 *a* 数组元素的非法引用是（　　　）。

    A．a[0][2*1]　　　　　　B．a[1][3]　　　　　　C．a[4-2][0]　　　　　　D．a[0][4]

5. 以下选项中，不能为二维数组 a 正确赋值 1，2，3，4 的初始化语句是（　　　）。

    A．int a[][2]={1,2,3,4}　　　　　　　　　　B．int a[2][2]={1,2,3,4}

    C．int a[2][]={1,2,3,4}　　　　　　　　　　D．int a[][2]={{1,2},{3,4}}

6. 下面程序段的输出结果是（　　　）。

```
#include <stdio.h>
int main( )
{ int k,a[3][3]={1,2,3,4,5,6,7,8,9};
  for (k=0;k<3;k++)
    printf("%d",a[k][2-k]);
  return 0;}
```

    A．3 5 7　　　　　　　B．3 6 9　　　　　　　C．1 5 9　　　　　　　D．1 4 7

7. 下面程序段的输出结果是（　　　）。

```
#include <stdio.h>
int main()
{
 char a[7]="abcdef";
 char b[4]="ABC";
 strcpy(a,b);
 printf("%c",a[5]);
 return 0;}
```

    A．　　　　　　　　　B．\0　　　　　　　　　C．e　　　　　　　　　D．f

8. 设有数组定义 "char arr[]="China";"，则数组 arr 所占空间为（   ）。

    A．4 个字节   B．5 个字节   C．6 个字节   D．7 个字节

9. 若有以下语句，则列描述正确的是（   ）。

```
char a[]="toyou";
char b[]={'t','o','y','o','u'};
```

    A．a 数组和 b 数组的长度相同   B．a 数组长度小于 b 数组长度

    C．a 数组长度大于 b 数组长度   D．a 数组等价于 b 数组

10. 有以下程序：

```
#include <stdio.h>
#include <string.h>
int main()
{ char a[]={'a','b','c','d','e','f','g','h','\0'};
  int i,j;
    i=sizeof(a);
    j=strlen(a);
  printf("%d,%d\n",i,j);
  return 0;
}
```

则程序运行后的输出结果是（   ）。

    A．9,9   B．8,9   C．1,8   D．9,8

二、填空题

1. 数组元素的下标从＿＿＿开始。

2. 二维数组元素在内存中是按＿＿＿＿存储，数组名表示数组在内存中存放的＿＿＿＿。

3. 使用字符串处理函数前应包含头文件＿＿＿＿＿。

4. 应用 strcmp（）函数对两个字符串比较时，若返回值为＿＿＿则表示两个字符串相等。

5. 下面的程序可求出矩阵 a 的两条对角线上的元素之和。请填空完成此程序。

```
#include <stdio.h>
int main()
{
 int a[3][3]={1,3,6,7,9,11,14,15,17}, sum1=0,sum2=0,i,j;
 for(i=0;i<3;i++)
   for(j=0;j<3;j++)
     if(i==j) sum1=sum1+a[i][j];
 for(i=0;i<3;i++)
   for(        ;        ;j--)
     if((i+j)==2) sum2=sum2+a[i][j];
   printf("sum1=%d,sum2=%d",sum1,sum2);
   return 0;
}
```

6. 现有如下程序段：

```
#include <stdio.h>
int main()
{ char s[80];
 int i,j;
 gets(s);
 for(i=j=0;s[i]!='\0';i++)
     if(s[i]!='H')
         _____
 s[j]='\0';
 puts(s);
 return 0;
}
```

这个程序段的功能是删除输入的字符串中的字符'H'，请填空完成此程序。

三、写出程序的运行结果

1. 现有如下程序段：

```c
#include "stdio.h"
int main()
{
    int k[30]={12,324,45,6,768,98,21,34,453,456};
    int count=0,i=0;
    while(k[i])
    {
        if(k[i]%2==0|| k[i]%5==0)
        count++; i++;
    }
    printf("%d,%d\n",count,i);
    return 0;
}
```

则程序段运行的输出结果为：_____。

2. 阅读下面的程序段：

```c
#include "stdio.h"
int main()
{   int a[4][4]={{1,2,3,4},{5,6,7,8},{3,9,10,2},{4,2,9,6}};
    int i,s=0;
    for(i=0;i<4;i++)
      s+=a[i][1];
    printf("%d\n",s);
    return 0;
}
```

则程序段运行的输出结果为：_____。

3. 下列程序的运行结果是_____。

```c
#include <stdio.h>
int main()
{
int i=0;
char a[]="abm",b[]="aqid",c[10];
while(a[i]!='\0'&&b[i]!='\0')
{
    if(a[i]>=b[i])
        c[i]=a[i]-32;
    else
        c[i]=b[i]-32;
        ++i;
}
c[i]='\0';
puts(c);
return 0;
}
```

4. 下列程序执行后的输出结果是_____。

```c
#include<string.h>#include <stdio.h>
int  main()
{
    char a[]={'a','b','c','d','e','f','g','h','\0'};
    int i,j;
    i=sizeof(a);
    j=strlen(a);
    printf("%d,%d\n",i,j);
    return 0;
}
```

5. 下列程序执行后的输出结果是_____。

```c
#include<string.h>
#include <stdio.h>
 int  main()
{
    char a[2][4];
    strcpy(a,"you");
    strcpy(a[1],"me");
    a[0][3]='&';
    printf("%s\n",a);
    return 0;
}
```

四、编程题

1. 设数组 int a[10]的元素全不相等，求出 a 中的最大元素和最小元素。

2. 打印"杨辉三角"的前 10 行。

```
1
1    1
1    2    1
1    3    3    1
1    4    6    4    1
      ⋮
```

3. 编程完成从键盘输入一个字符串，将字符串中的大写字母转换成小写字母后进行输出的功能。

单元7

函数

07

问题引入

随着软件系统的规模越来越庞大，软件开发过程中的分工也越来越明细，一个超级程序员的单打独斗无法实现复杂的系统功能，此时需要以团队的形式进行系统的设计和研发，成立专门的项目组(Team)，进行具体的研发工作。项目组由多种角色的成员构成，包括项目经理、产品经理、架构师、软件工程师、测试工程师等，只有团队协作才能让产品快速、高质量上线。团队精神和协作能力是作为一个程序员应具备的最基本的素质，模块化的思维能力更是提升程序员技术水平的重要指标。

通过学习前面的内容，我们已经学会编写一些简单的C语言程序，但是，随着程序功能的增多，main函数中的代码也会越来越多，导致main函数可读性差。此时，需要使用模块化程序设计思想，将程序分为若干个模块，每个模块实现一个独立的功能，最后，再将这些模块"组装"在main函数中。这就如同"组装"计算机一样，事先生产好电源、主板、CPU等各种部件，最后将它们组装在一起。程序中的每个模块由C语言中的函数实现。

C程序中如何使用函数，需要考虑以下两个问题。

问题1：如何定义函数。

问题2：如何调用函数。

本单元学习任务

函数是构成C程序的基本模块，本单元学习任务包括以下主要内容。

1. 掌握函数定义的一般形式。在函数定义时，返回值、函数名和形式参数列表是必不可少的三要素。
2. 掌握无参函数和有参函数的调用过程。
3. 理解函数调用过程中数据的传递方式。
4. 理解函数递归调用的过程。
5. 了解变量的作用域及存储类别。
6. 熟练运用模块化程序设计的思想解决实际问题。

知识描述

7.1 函数的定义

从程序员使用的角度来分析，C语言的函数可分为库函数和用户定义函数两种。

（1）库函数。它是由编译器提供的，无须用户定义，它的源代码一般是不可见的。C程序中可以直接使用库函数，例如printf、scanf、getchar、putchar、main函数。

（2）用户定义函数。它是由用户按照需求定义的函数，也是本单元重点介绍的内容。

函数，就是实现特定功能的一个模块。C 程序就是由多个函数构成的，通过 main 函数调用其他的函数实现需求。函数是构成 C 程序的基本单元，它可以减轻 main 函数的负担，使程序结构简明清晰，便于维护；同时，增强代码的复用性。

C 语言要求，变量必须"先定义，后使用"，函数也遵循"先定义，后调用"的规则。函数定义时必须指定函数名、参数类型、要实现的功能等，这样编译系统在调用函数时就会根据函数定义时所执行的功能来执行。函数定义的语法结构为：

7-1：函数的定义

```
返回值类型　函数名([形式参数列表])
{
    函数体
}
```

针对函数的各个组成部分，有以下几点具体说明。

（1）返回值类型。指定函数返回值的数据类型。如果函数没有返回值，则为 void。

（2）函数名。指定函数的名称，是用户自定义的标识符。

（3）形式参数列表。参数是调用函数时传入的数据，函数定义时需要指定函数参数的名称和数据类型。方括号"[ ]"代表可选，表示函数可以有形式参数，也可以没有形式参数。依此函数可分为有参函数和无参函数。

（4）函数体。即大括号"{}"括起来的部分，用于实现该函数的功能，由 C 语言语句组成。

【例 7.1】定义一个函数，实现两个整数的求和运算。

方法一程序代码：

```
void add()
{
    int x,y,result;
    scanf("%d%d",&x,&y);
    result=x+y;
    printf("%d",result) ;
}
```

分析：这是一个无参、无返回值的函数。关键字 void 表示函数没有返回值。add 是函数名。函数名后面的括号中是空的，没有任何参数，通过在函数体中声明两个变量 x 和 y，实现两个整数的求和运算。

方法二程序代码：

```
void add(int x,int y)
{
    int result;
    result=x+y;
    printf("%d",result) ;
}
```

分析：这是一个有参、无返回值的函数。有两个形式参数 x 和 y。在调用此函数时，主调函数把实际参数的值传递给 x 和 y。函数体中的语句用于实现两个整数的求和运算。

方法三程序代码：

```
int add(int x,int y)
{
    int result;
    result=x+y;
    return result;
}
```

分析：这是一个有参、有返回值的函数。关键字 int 表示函数有返回值，类型是整型。语句"return result;"的作用是将 result 的值作为函数返回值，变量 result 的类型必须与函数返回值类型相同。

> **小提示**　（1）C99 标准对 main 函数的返回值类型的定义是 int。但是之前的标准中，main 函数可以不标明返回值类型，默认返回值为 int。
> （2）如果 main 函数的最后没有 return 语句，C99 规定编译器要自动在生成的目标文件中加入 "return 0;" 语句，表示程序的正常退出。所以，建议大家按照 C99 标准编写 main 函数。

【练一练】
定义一个有参且有返回值的函数，实现两个整数的乘法运算功能。

7.2　函数的调用

如果要在程序中使用函数，就需要在 main 函数中调用它。C 程序必须有一个 main 函数，而且只有一个 main 函数。程序的运行从 main 函数开始，main 函数调用其他函数。

7.2.1　函数调用的形式

7-2：函数调用的形式

本节将分别针对无参函数、有参函数，讲解函数的调用过程。

1. 无参函数的调用

调用无参函数的语法结构：

函数名();

【例 7.2】 分析下列程序的运行结果。

程序代码：

```
1    #include<stdio.h>
2    void fun()
3    {
4        printf("这是一个无参函数\n");
5    }
6    int main()
7    {
8        printf("fun 函数调用前\n");
9        fun();
10       printf("fun 函数调用后\n");
11       return 0;
12   }
```

程序运行结果如图 7.1 所示。

分析：这是一个顺序结构的 C 程序，程序按照由上而下的顺序执行。调用过程具体如图 7.2 所示。

```
fun 函数调用前
这是一个无参函数
fun 函数调用后
```

图 7.1　程序运行结果

（1）程序从 main 函数开始执行，执行第 8 行代码，输出第 1 行字符串 "fun 函数调用前"。

（2）程序执行第 9 行代码，此时调用 fun 函数，程序转至执行 fun 函数，即从第 2 行代码开始执行，当第 4 行代码执行完后，fun 函数执行结束。

（3）程序返回到原来的调用点，接着执行 main 函数中的第 10 行代码，直至 main 函数执行结束。

> **小提示**　库函数由编译器提供，无须用户定义，在程序中直接调用即可。但是需要使用 "#include" 指令将库函数所在的头文件包含到本程序中。例如，本例中需要使用输出函数 printf，就需要在程序第 1 行写上：
> #include<stdio.h>

main 函数   fun 函数

图 7.2 main 函数调用 fun 函数的示意图

【例 7.3】通过函数调用实现图 7.3 所示的输出结果。

分析：

在输出的结果中，第 1 行和第 3 行分别是一行"_"号。这里使用模块化编程思想，定义函数 show_single 实现输出一行"_"号的功能；定义函数 show_txt 实现输出"欢迎进入***主界面"的功能。在 main 函数调用这两个函数。

图 7.3 程序运行结果

程序代码如下：

```c
#include <stdio.h>
void show_single()
{
    printf("------------------------\n");
}
void show_txt()
{
    printf("----欢迎进入***主界面---\n");
}
int main()
{
    show_single();
    show_txt();
    show_single();
    return 0;
}
```

小提示 如果不使用函数 show_single，要想实现输出两行"_"号的功能，程序中就需要重复编写代码"printf("----------\n");"。在本例中，只需要在 main 函数中两次调用函数 show_single 即可。所以，函数的使用增强了代码的复用性。

2. 有参函数的调用

与无参函数相比，有参函数在调用时，需要调用者传入参数值。调用有参函数的语法结构是：

函数名(实参列表)；

【例 7.4】例 7.1 中定义了函数 add，实现两个整数的求和功能。现要求在 main 函数中调用该函数。

程序代码：

```c
#include <stdio.h>
void add(int x,int y)
{
    int result;
    result=x+y;
    printf("%d+%d=%d\n ",x,y,result);
```

```
}
int main()
{
    add(5,10);          //调用函数 add
    return 0;
}
```

程序运行结果如图 7.4 所示。

分析：调用有参函数时，主调函数和被调函数之间有数据传递关系。7.2.2 小节对

`5+10=15`

图 7.4　程序运行结果

此有详细说明。

7.2.2　参数的传递方式

函数参数的传递方式　　7-3: 参数的传递方式

1.　形式参数和实际参数

在定义有参函数时，函数名后面括号中的参数称为"形式参数"，简称"形参"。在调用该有参函数时，函数名后面括号中的参数称为"实际参数"，简称"实参"。

比如例 7.4 中，定义 add 函数时的参数 x 和 y 是"形参"，在 main 函数中调用 add 函数时传入的参数 5 和 10 是"实参"。

2.　参数的传递方式

在调用有参函数时，实参传递值给形参。需要说明以下两点。

（1）实参可以是常量、变量或表达式，但是必须有确定的值。

（2）实参与形参必须个数相等、顺序对应、类型匹配。实参和形参的数据类型必须相同或赋值兼容。如例 7.4 中，实参和形参的数据类型都是 int。如果形参的数据类型是 int，实参的数据类型是 float，按照数据类型向下兼容的原理，需要将实参的类型转换为 int，然后赋值给形参。

【例 7.5】具体说明例 7.4 中参数的传递方式。

分析：

（1）函数 add 被调用前，形参 x 和 y 并不占用内存空间。

（2）函数 add 被 main 函数调用时，形参 x 和 y 被分配内存空间，并且被实参 5 和 10 分别赋值。函数调用过程中的参数传递如图 7.5 所示。

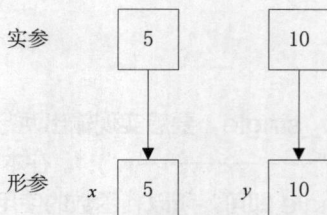

实参　　　5　　　　10

形参　　x　5　　y　10

图 7.5　函数调用过程中的参数传递

（3）函数 add 执行期间，由于形参 x 和 y 已有值，所以可以执行 x+y 操作，并且将结果输出。

（4）函数 add 执行结束后，形参 x 和 y 的内存空间被释放。

本例中实参传值给形参属于"值传递"。函数被调用时，系统为形参开辟内存空间，并将实参的值赋给形参，函数调用结束后，形参的内存空间被立即释放。本单元我们所举的实例中，都是使用这种"值传递"方式。

> **小提示**　参数的传递方式有两种："值传递"和"地址传递"。"地址传递"方式中实参传递给形参的是地址，即实参和形参指向同一个内存空间。这一点会在单元 8 中进行详细说明。

【例 7.6】编译、运行下列程序，分析并写出程序的运行结果_____。

```c
#include <stdio.h>
void swap(int x,int y)
{
    int temp;
    printf("函数内部　交换之前:x=%d,y=%d\n",x,y);
    temp=x;
    x=y;
    y=temp;
    printf("函数内部　交换之后:x=%d,y=%d\n",x,y);
}
int main()
{
    int num1,num2;
    scanf("%d%d",&num1,&num2);
    printf("交换之前:num1=%d,num2=%d\n",num1,num2);
    swap(num1,num2);
    printf("交换之后:num1=%d,num2=%d\n",num1,num2);
    return 0;
}
```

程序运行的结果如图 7.6 所示。

图7.6　程序运行结果

分析:

（1）实参 num1 的初值为 10，实参 num2 的初值为 20，调用函数 swap 后，num1 和 num2 的值并没有交换。

（2）再来分析函数 swap 的调用过程。实参 num1 传值给形参 x，实参 num2 传值给形参 y，x 的值为 10，y 的值为 20。当函数 swap 执行结束后，形参 x 的值为 20，形参 y 的值为 10；但是，实参 num1 和 num2 的值仍未改变。说明此处函数调用对实参 num1 和 num2 没有起到交换数值的作用。

（3）这是什么原因呢？因为此时参数的传递方式是"值传递"，当函数调用结束后，形参的内存空间被释放，所以形参不能传递值给实参，形参值的变化当然不会影响实参，这属于单向传递。

【练一练】

编译、运行下列程序，分析并写出程序的运行结果_____。

```c
#include <stdio.h>
void sum(int a, int b)
{
    printf("%d\n", a + b - 2);
}
int main()
{   int i;
    for (i=0; i<5; i++)
        sum(i,3);
    printf("\n");
    return 0;
}
```

7.2.3 函数的返回值

7-4：函数的返回值

通过函数调用可以使主调函数得到一个值，这个值就是函数的返回值。函数的返回值通过函数体中的 return 语句获得。如果函数没有返回值，那么函数定义时的返回值类型为 void，函数体中不能使用 return 语句；如果函数需要有返回值，那么函数中必须使用 return 语句，而且返回值的类型与函数定义时的函数类型一致。

【例 7.7】编译、运行下列程序，分析程序的运行结果。

```c
#include <stdio.h>
int add(int x,int y)
{
    int result;
    result=x+y;
    return result;
}
int main()
{
    int sum;
    sum=add(5,10);
    printf("%d\n ",sum);
    return 0;
}
```

下面具体说明 return 语句的返回过程。函数 add 中执行 x+y 操作之后，return 语句将变量 result 的值返回主调函数 main，并且赋值给 main 函数中的变量 sum。具体调用过程如图 7.7 所示。

main 函数　　　　　　　　　　　　add 函数

图 7.7　main 函数中调用 add 函数

小提示　函数被调用的位置可以有以下 3 种。

（1）函数语句。把函数调用当作一条语句，即"函数名();"。这也是我们最熟悉的方式。

（2）函数表达式。函数出现在表达式中，要求函数返回一个确定的值以参与表达式运算。例如例 7.7 中的 sum=add(5,10)。

（3）函数参数。把函数调用作为另外一个函数的参数。例如：

```c
printf("处理结果1: %d\n",add(5,10));
```
就是把函数 add(5,10) 作为函数 printf 的一个参数。

【练一练】

（1）编译、运行下列程序，分析并写出程序的运行结果_____。

```c
#include <stdio.h>
int fun(int x,int y)
{
    if(x!=y)
        return (x+y)/2;
    else
        return x;
}
int main()
{
    int a=4,b=5;
    printf("%d\n",fun(a,b));
    return 0;
}
```

（2）定义一个函数，实现两个数的除法运算，并将结果返回。注意考虑除数为 0 的情况。

7.2.4 函数的参数类型

函数的参数类型可以是任意数据类型。前面的实例中我们使用的都是基本数据类型，当然，函数的参数类型也可以是数组、指针和结构体。本节将讲述数组作为函数参数时，函数的调用过程和参数之间数据的传递方式。

当函数的参数类型是数组时，实参向形参传递的是数组首元素的地址，这种传递方式被称为"地址传递"。在内存中，实参和形参占用相同的存储单元。而在"值传递"中，实参和形参占用不同的存储单元，只是存储的值相同。

7-5：函数的参数类型

【例 7.8】 使用函数实现下面的功能：某位同学一学期有 5 门课程，根据每门课程的得分情况，找出其最高分和最低分。

分析：

定义一个函数 min 求得最低分，定义一个函数 max 求得最高分。例如：

```c
int min(int array[5])
```

main 函数调用 min 函数 min(score)，其中实参 score 是一个整型数组名。

程序代码如下：

```c
#include <stdio.h>
int min(int array[5])
{
    int minnum=array[0];
    for(int i=1;i<5;i++)
    {
        if(array[i]<minnum)
            minnum=array[i];
    }
    return minnum;
}
int max(int array[5])
{
    int maxnum=array[0];
    for(int i=1;i<5;i++)
    {
        if(array[i]>maxnum)
            maxnum=array[i];
    }
    return maxnum;
}
```

```
int main()
{
    int score[5],minresult,maxresult;
    printf("请输入 5 门课程的得分: \n");
    for(int i=0;i<5;i++)
        scanf("%d",&score[i]);
    minresult=min(score);           //调用 min 函数
    maxresult=max(score);           //调用 max 函数
    printf("成绩最低分是%d\n ",minresult);
    printf("成绩最高分是%d\n ",maxresult);
    return 0;
}
```

程序运行结果如图 7.8 所示。

图 7.8　程序运行结果

下面说明程序执行过程中参数的传递方式。

实参数组 score 的首元素的地址传递给形参数组 array，即数组 array 和 score 代表的是内存中的同一个地址。参数传递后的效果如图 7.9 所示。对于数组 array 的访问，实质上就是对数组 score 的访问。

score 首地址 score[0]	score[1]	score[2]	score[3]	score[4]
60	70	80	90	100
array 首地址 array[0]	array[1]	array[2]	array[3]	array[4]

图 7.9　函数调用过程中的参数传递

> **小提示**　函数的参数类型是数组时，数组可以指定大小，也可以不指定大小。例如：
>
> ```
> int min(int array[])
> ```
>
> 这是因为 C 编译系统不检查形参数组的大小，只是将实参数组的首元素的地址传给了形参数组名。

【例 7.9】某位同学第 1 学期有 3 门课程，第 2 学期有 5 门课程，根据每门课程的得分情况，找出每个学期中的最高分和最低分。

分析：例 7.8 中可以找到一个有确定长度的数组中的最大值、最小值；本例要考虑的则是怎样用一个函数找到不同长度的数组中的最大值或最小值。这就需要在定义函数时不指定数组的长度，而是在形参列表中增加一个参数 len 以表示数组长度，在 main 函数调用时把数组的实际长度传递给形参 len。

程序代码如下：

```
#include <stdio.h>
int min(int array[],int len)   //定义函数时不指定形参数组 array 的长度
{
    int minnum=array[0];
    for(int i=1;i<len;i++)
    {
        if(array[i]<minnum)
            minnum=array[i];
    }
    return minnum;
}
```

```
int max(int array[],int len)
{
    int maxnum=array[0];
    for(int i=1;i<len;i++)
    {
        if(array[i]>maxnum)
            maxnum=array[i];
    }
    return maxnum;
}
int main()
{   int score1[3],score2[5];     //定义长度为 3 和 5 的两个数组
    printf("请输入第一学期 3 门课程的得分: \n");
    for(int i=0;i<3;i++)
        scanf("%d",&score1[i]);
    printf("请输入第二学期 5 门课程的得分: \n");
    for(int i=0;i<5;i++)
        scanf("%d",&score2[i]);
//调用 min 函数，用数组名 score1 和 3 作实参
    printf("第一学期成绩最低分是%d\n ",min(score1,3));
    printf("第一学期成绩最高分是%d\n ",max(score1,3));
//调用 min 函数，用数组名 score2 和 5 作实参
    printf("第二学期成绩最低分是%d\n ",min(score2,5));
    printf("第二学期成绩最高分是%d\n ",max(score2,5));
    return 0;
}
```

程序运行结果如图 7.10 所示。

图 7.10　程序运行结果

【练一练】

编译、运行下列程序，分析并写出程序的运行结果＿＿＿＿＿＿。

```
#include <stdio.h>
void f(int  b[])
{ int  i;
  for (i=2; i<6; i++)  b[i] *= 2;
}
int main()
{ int  a[10]={1,2,3,4,5,6,7,8,9,10}, i;
  f(a);
  for (i=0; i<10; i++)  printf("%d,", a[i]);
  return 0;
}
```

7.3　函数的嵌套调用

函数的定义是独立的，在一个函数中不能嵌套定义另外一个函数。但是，函数

7-6：函数的嵌套调用

可以嵌套调用，即可以在一个函数中调用另一个函数。

【例 7.10】编译、运行下列程序，分析程序的运行结果。

```
#include <stdio.h>
void fun2()
{
    printf("调用 fun2()函数\n");
}
void fun1()
{
    printf("调用 fun1()函数\n");
    fun2();
}
int main()
{
    fun1();
    return 0;
}
```

程序运行结果如图 7.11 所示。

函数之间的调用过程如图 7.12 所示。

```
调用fun1()函数
调用fun2()函数
```

图 7.11　程序运行结果

图 7.12　函数的嵌套调用

（1）程序的执行从 main 函数开始。

（2）调用函数 fun1，程序流程转向 fun1 函数。

（3）执行函数 fun1 中的代码。

（4）调用 fun2 函数，程序流程转向 fun2 函数。

（5）执行 fun2 函数中的代码，直至 fun2 函数执行结束。

（6）返回到 fun1 函数中调用 fun2 函数的位置。

（7）继续执行 fun1 函数中的语句，直至 fun1 函数执行结束。

（8）返回到 main 函数中调用 fun1 函数的位置。

（9）继续执行 main 函数，直至 main 函数执行结束。

【练一练】

编译、运行下列程序，分析并写出程序的运行结果＿＿＿＿＿＿＿＿＿＿＿。

```
#include <stdio.h>
int f(int x)
{
    return x*2;
}
int main()
{
    int n=1,m;
    m=f(f(n));
    printf("%d\n",m);
    return 0;
}
```

7.4 函数的递归调用

在函数的嵌套调用中，如果函数嵌套调用的是自己，这就是
函数的递归调用。例如：

```
void fun()
{
    fun();
}
```

在调用 fun 函数时，又要调用 fun 函数，这就是 fun 函数的
递归调用。但是，这里 fun 函数的调用是无终止的，在程序中不应该出现。函数的递归调用必须要有终止
条件，通常在函数定义时通过 if 语句控制。

【例 7.11】计算 1～n 之间的整数之和。

分析：

通过前面的学习，我们都能够想到使用循环结构来解决这个问题。此处使用函数的递归调用实现。
递归分为递推和回归两个过程。

（1）递推的过程是：想要计算 1～n 之和，需要计算 1～n-1 之和，想要计算 1～n-1 之和，需要计算
1～n-2 之和，以此类推，直至递推至 n=1 时的和为 1。

（2）回归的过程是：由 n=1 的和得到 1、2 之和：1+2=3，然后用这个结果加 3，得到 1～3 之和：1+2+3=6，
以此类推，直到得到 1～n-1 之和。最后将这个结果加 n，最终得到 1～n 之和：1+2+3+…+n-1+n。用数
学语言描述，即

$$f(n)\begin{cases} f(n-1)+n & (n>1) \\ 1 & (n=1) \end{cases}$$

程序代码：

```
#include <stdio.h>
int fun(int n)
{
    if(n==1)                    //递归调用结束条件
        return 1;
    else
        return n+fun(n-1);  //fun 函数的递归调用
}
int main()
{
    int sum;
    sum=fun(4);
    printf("1～4 之间的整数和是%d\n",sum);
    return 0;
}
```

程序运行结果如图 7.13 所示。

函数 fun(4) 的递归调用过程如图 7.14 所示。函数 fun 共被调用 4 次，即 fun(4)、fun(3)、fun(2)、fun(1)。
其中 fun(4) 是被 main 函数调用的，其他 3 次是被 fun 函数调用，即递归调用了 3 次。

小提示　使用函数的递归调用解决问题时，递归必须有结束条件，否则程序会陷入无限递归的
状态。例如本例中的函数递归调用结束条件为 n==1，此时执行语句"return 1;"，
程序不再递归调用 fun 函数。

图 7.13 程序运行结果

图 7.14 函数 fun()的递归调用

【例 7.12】 有 5 个人坐在一起。问第 5 个人多少岁，他说比第 4 个人大 2 岁。问第 4 个人岁数，他说比第 3 个人大 2 岁。问第 3 个人，又说比第 2 个人大 2 岁。问第 2 个人，说比第 1 个人大 2 岁。最后问第 1 个人，他说是 10 岁。请问第 5 个人的岁数是多少？

分析：

利用递归的方法，要想知道第 5 个人的岁数，需知道第 4 个人的岁数，依次类推，推到第 1 个人（10 岁），再往回推。

程序代码如下：

```
#include <stdio.h>
int age(int n)
{    int c;
        if(n==1)
            c=10;
        else
            c=2+age(n-1);
        return c;
}
int main()
{
    printf("第 5 个人的年龄为%d",age(5));
    return 0;
}
```

程序运行结果如图 7.15 所示。

第5个人的年龄为18

图 7.15 程序运行结果

【练一练】

（1）编译、运行下列程序，分析并写出程序的运行结果＿＿＿＿＿＿＿＿＿＿。

```
#include <stdio.h>
int f(int x)
{   int y;
    if (x == 0 || x== 1)
    return (3);
    y = x*x - f(x-2);
    return  y;
}
int main()
{   int z;
    z = f(3);
    printf("%d\n", z);
```

```
    return 0;
}
```

（2）使用函数递归调用计算"猴子吃桃子"的问题。一群猴子摘了一堆桃子，它们每天都吃当前桃子的一半且再多吃一个，到了第 10 天就只剩一个桃子。计算这群猴子共摘了多少个桃子。

7.5 函数的声明

在前面的例子中，函数定义的位置是在该函数被调用之前。如果要把函数定义的位置放在调用它的函数的后面，应该在主调函数中进行函数的声明。函数的声明是把函数的信息（函数名、函数类型、参数的个数和类型）提前通知编译系统，以便编译系统对程序进行编译时，检查被调用函数是否正确存在。

7-8：函数的声明

1. 函数声明的方法

函数定义时的首行称为函数原型，函数声明时只需要在函数的原型后面加上";"。例如：

```
int add(int x,int y);
```

编译系统在检查函数调用时要求函数名、函数类型、参数个数和参数顺序必须与函数声明一致，实参类型必须与形参类型相同或赋值兼容。由于不检查参数名，因此在函数声明时，形参名也可以省略。例如：

```
int add(int ,int );
```

2. 函数声明的位置

函数声明的位置有以下两种情况。

（1）函数声明在主调函数的外部。此时函数可以被声明之后出现的所有函数调用。例如：

```
#include <stdio.h>
int add(int ,int );
int main()
{
    int sum;
    sum=add(5,10);
    printf("%d\n ",sum);
    return 0;
}
int add(int x,int y)
{
    int result;
    result=x+y;
    return result;
}
```

（2）函数声明在主调函数的内部。此时函数只能被主调函数调用。例如：

```
#include <stdio.h>
int main()
{    int add(int ,int );
    int sum;
    sum=add(5,10);
    printf("%d\n ",sum);
    return 0;
}
int add(int x,int y)
{
    int result;
    result=x+y;
    return result;
}
```

7.6 变量的作用域和存储类别

7.6.1 变量的作用域

C 语言中的变量，按照其作用域范围可分为局部变量和全局变量。

1. 局部变量

局部变量是指在函数内定义的变量，它的作用域是本函数内。也就是说，在函数的外部是不能使用这些变量的。此外，在函数内的复合语句内定义的变量也是局部变量，它的作用域是复合语句内。

【例 7.13】分析程序中变量的作用域范围。

```c
#include <stdio.h>
void fun()
{
    int x=6;
    printf("fun 函数: x=%d\n ",x);
}
int main()
{
    int x=8;
    fun();
    printf("main 函数: x=%d\n ",x);
    return 0;
}
```

程序运行结果如图 7.16 所示。

分析：

fun 函数中定义了一个局部变量 x，它只在 fun 函数中有效。当 fun 函数被调用时，x 被分配内存空间，并且被赋值 6；当函数 fun 执行结束后，x 的内存空间被释放。main 函数中也定义了一个局部变量 x。需要说明的是，允许在不同的函数中使用相同的变量名，但它们是不同的变量，分配不同的存储单元，互不干扰。

```
fun函数: x=6
main函数: x=8
```

图 7.16　程序运行结果

2. 全局变量

全局变量是指在函数外定义的变量，它的作用域是从定义处开始，到本程序文件的结束。也就是说，全局变量可以被文件中的所有函数所共用。

【例 7.14】分析程序中变量的作用范围。

```c
#include <stdio.h>
int  x=10;  //全局变量 x
void fun()
{
    printf("fun 函数: x=%d\n ",x);
}
int main()
{
    fun();
    printf("main 函数: x=%d\n ",x);
    return 0;
}
```

程序运行结果如图 7.17 所示。

分析：

本程序定义了一个全局变量 x，虽然 fun 函数和 main 函数中都没有定义局部变量 x，但是它们可以共享全局变量 x，所以程序结果中输出了 x 的值。

```
fun函数: x=10
main函数: x=10
```

图 7.17　程序运行结果

【例 7.15】分析程序中全局变量与局部变量同名时各自的作用范围。

```
#include <stdio.h>
int  a=3,b=5;                   //定义全局变量 a 和 b
int max(int a,int b)            //定义局部变量 a 和 b，只在 max 函数中有效
{
    int c;
    c=a>b?a:b;
    return c;
}
int main()
{
    int a=10;                   //定义局部变量 a，只在 main 函数中有效
    printf("%d\n ",max(a,b));
    return 0;
}
```

本程序的运行结果是 10。当全局变量与局部变量同名时，则在局部变量的作用范围内，全局变量被
"屏蔽"，不起作用。

【练一练】

编译、运行下列程序，分析并写出程序的运行结果＿＿＿＿＿＿＿＿。

```
#include <stdio.h>
int main()
{
  int  i=1, j=3;
  printf("%d," ,i++ );
  { int  i=0;
    i+=j*2;
    printf("%d,%d," ,i,j );
  }
  printf("%d,%d\n" ,i,j );
  return 0;
}
```

7.6.2 变量的存储类别

从变量的作用域角度分析，变量可分为局部变量和全局变量。此外，还可以从变量的存在时间角度
分析，则变量在内存中的存储方式有两种：动态存储方式和静态存储方式。

动态存储方式：在程序运行期间由系统动态地分配存储空间。例如有的变量在调用其所在的函数时
才被分配存储空间，而在函数调用结束后该空间就马上被释放。

静态存储方式：在程序运行期间由系统分配固定的存储空间。例如有的变量在程序运行的整个期间
都是存在的。全局变量就是静态存储方式。

C 语言中，变量有两个属性：数据类型和存储类别。存储类别就是指变量的存储方式。C 的存储类别
包括 4 种：自动的（auto）、静态的（static）、寄存器的（register）和外部的（extern）。变量定义的完整形
式是：

存储类别 数据类型 变量名;

1. 局部变量的存储类别

（1）自动变量（auto 变量）。

auto 变量属于动态存储方式，函数中的形参和局部变量都属此类。在调用函数时，系统为这些变量
分配存储空间，当函数调用结束时就自动释放这些空间。如果变量定义时没有使用存储类别，系统默认
为是 auto 变量。

（2）静态局部变量（static 局部变量）。

static 局部变量属于静态存储方式，此类变量在函数调用结束后并不释放存储空间，而在下一次再调

用该函数时，该变量已有值。

（3）寄存器变量（register 变量）。

一般情况下，变量的值是保存在内存中的。如果有一些变量使用频繁，为了提高程序的执行效率，可将该变量的值放在 CPU 的寄存器中，需要时直接从寄存器取出参加运算，不用再到内存中去存取，因为寄存器的存取速度远高于内存的存取速度。这种变量就是寄存器变量，用 register 声明。

【例 7.16】分析不同存储类别的变量的作用时间。

```c
#include <stdio.h>
int fun(int n)
{
    auto int x=0;        //自动变量 x
    static int y=3;      //静态变量 y
    x++;
    y++;
    return n+x+y;
}
int main()
{
    int n=2,i;
    for(i=0;i<3;i++)
        printf("%d,",fun(2));
    return 0;
}
```

程序运行结果如图 7.18 所示。

分析：

```
7,8,9,
```

图 7.18　程序运行结果

fun 函数第 1 次调用时，变量 $x=1$，$y=4$，$n+x+y=7$。在 fun 函数调用结束后，只有变量 y 的空间并不释放，仍然保留值为 4。所以在 fun 函数第 2 次调用时，x 初值为 0，y 的初值为 4，执行运算后，$x=1$，$y=5$，$n+x+y=8$。同理在 fun 函数第 3 次调用后，$n+x+y=9$。

2. 全局变量的存储类别

全局变量的存储类别是静态存储方式，作用域是从定义处开始，到本程序文件的结束。程序设计中为了扩展全局变量的作用域，有以下几种方法。

（1）将全局变量的作用域扩展到一个文件内。

全局变量的作用域是从定义处开始，在定义之前的函数不能引用该变量。为了将其作用域扩展到一个文件，应该使用 extern 关键字声明全局变量。

【例 7.17】结合例 7.14，将全局变量 x 的作用域扩充到一个文件内。

```c
#include <stdio.h>
void fun();
int main()
{
    extern int x;   //把全局变量的作用域扩展到从此处开始
    fun();
    printf("main 函数: x=%d\n ",x);
    return 0;
}

int  x=10;   //全局变量 x

void fun()
{
    printf("fun 函数: x=%d\n ",x);
}
```

分析：

如果程序代码中缺少语句"extern int x;"，函数 main 中就不能引用全局变量 x，程序编译会报错。

（2）将全局变量的作用域扩展到其他文件。

一个 C 程序可以由多个源程序文件组成。如果在一个文件中引用另一个文件的全局变量，需要使用 extern 扩展。

【例 7.18】结合例 7.14，将全局变量 x 的作用域扩充到其他文件中。

文件 file1：

```
#include <stdio.h>
#include "file2.cpp"
int  x=10;    //全局变量 x
int main()
{
    printf("main 函数: x=%d\n ",x);
    fun();
    return 0;
}
```

文件 file2：

```
#include <stdio.h>
extern int x;
void fun()
{
    printf("fun 函数: %d\n",x);
}
```

程序运行结果如图 7.19 所示。

```
main函数: x=10
fun函数: 10
```

图 7.19 程序运行结果

分析：

文件 file2 中的语句"extern int x;"将文件 file1 中的全局变量 x 的作用域扩展到文件 file2 中。

（3）将全局变量的作用域限制于本文件。

为了将全局变量的作用域值限制于本文件中，要使用 static 声明全局变量。例如：若将例 7.18 中文件 file1 中的全局变量 x 声明为 static int x=10，则文件 file2 中不能引用变量 x。

实例分析与实现

编写一个简易的计算器程序，能够进行加、减、乘、除计算功能。程序运行结果如图 7.20 所示。

```
请输入两个操作数
5
10
请输入运算类型
*
5*10=50请输入两个操作数
```

图 7.20 程序运行结果

7-10：实例分析与
实现

分析：

（1）按照模块化的编程思想，程序需要实现加法、减法、乘法、除法计算功能，每个功能由一个函数实现，需要定义 4 个函数。

（2）根据输入的运算符选择执行不同的计算功能，需要使用多分支选择结构。

（3）为了实现可以多次进行计算的功能，main 函数中需要使用循环结构。

程序代码如下：

```
#include <stdio.h>
#include <stdlib.h>
```

```c
int add(int a,int b)
{
    int result;
    result=a+b;
    return result;
}
int sub(int a,int b)
{
    int result;
    result=a-b;
    return result;
}
int mul(int a,int b)
{
    int result;
    result=a*b;
    return result;
}
int dive(int a,int b)
{
    int result;
    if(b!=0)
        result=a/b;
    else
        result=0;
    return result;
}
int main()
{   char oper;
    int num1,num2,result;
    while(1)
    {
        printf("请输入两个操作数\n");
        scanf("%d%d",&num1,&num2);
        printf("请输入运算类型\n");
        scanf("%c",&oper);      //该语句用于接收上次输入到缓冲区的回车符
        scanf("%c",&oper);      //接收运算符字符
        switch(oper)
        {
            case '+':result=add(num1,num2);break;
            case '-':result=sub(num1,num2);break;
            case '*':result=mul(num1,num2);break;
            case '/':result=dive(num1,num2);break;
            case 'e':exit(0);
            default:printf("请输入正确的运算类型\n");
        }
        printf("%d%c%d=%d",num1,oper,num2,result);
    }
    return 0;
}
```

📝 知识拓展　模块化程序设计

　　模块化程序设计，简单地说就是程序的编写不是一开始就逐条录入语句，而是按照"自顶向下、逐步细化"的方法，将系统的功能细分为多个模块，每个模块完成一个单一功能，最后将所有模块"组装"起来。

　　C 语言就是模块化程序设计语言，使用函数实现一个模块的功能。一个 C 程序可由若干个源程序文

件组成，而一个源程序文件可以由一个主函数和若干个函数组成。主函数调用其他函数，其他函数间也可以互相调用，如图 7.21 所示。

图 7.21　C 程序结构图

模块化程序设计的基本原则是"高聚合，低耦合"："高聚合"是指一个模块只能完成单一的功能，不能"身兼数职"；"低耦合"是指模块之间参数的传递应尽量少，模块间的调用尽量只通过简单的接口完成，减少全局变量的使用。

模块化程序设计的特点体现在以下 3 方面。

（1）各个模块相对独立、结构清晰，可以分配给不同的程序开发人员完成，从而缩短开发周期。

（2）模块内部的改动不会影响其他模块，易于维护和功能扩展。

（3）避免了程序开发的重复性工作，提高了程序的可重用性。

同步练习

一、选择题

1. 一个 C 程序总是从（　　）开始执行的。
   A．main 函数
   B．文件中的第一个函数
   C．文件中的第一个子函数调用
   D．文件中的第一条语句

2. 关于一个 C 程序，下列说法正确的是（　　）。
   A．main 函数必须出现在所有函数之前
   B．main 函数可以出现在其他函数之外的任何位置
   C．main 函数必须出现在所有函数之后
   D．main 函数必须出现在固定位置

3. 以下叙述正确的是（　　）。
   A．函数名允许用数字开头
   B．函数调用时，不必区分函数名称的大小写
   C．调用函数时，函数名必须与被调用的函数名完全一致
   D．在函数体中只能出现一次 return 语句

4. 有以下定义：
```
void fun(int n,double x) {…}
```
若下列选项中的变量都已正确定义并赋值，则正确调用函数 fun 的语句是（　　）。
   A．fun(int x, double n);
   B．m=fun(10,12.5);
   C．fun(10,12.5);
   D．void fun(n,x);

5. 一个 C 源程序文件中所定义的全局变量，其作用域是（　　）。
   A．由具体定义位置和 extern 说明来决定
   B．所在程序的全部范围
   C．所在函数的全部范围
   D．所在文件的全部范围

6. 函数返回值的类型是由（　　）决定的。
   A．调用函数时临时
   B．return 语句的表达式类型

　　　C. 调用该函数的主调函数类型　　　　　　　　D. 定义函数时，所指定的函数类型

7. 若函数调用时的实参为变量，则以下关于函数形参和实参的叙述正确的是（　　　）。

　　A. 函数的形参和实参分别占用不同的存储单元

　　B. 形参只是形式上存在，不占用具体存储单元

　　C. 同名的实参和形参占同一存储单元

　　D. 函数的实参与其对应的形参共占同一存储单元

8. 以下关于函数参数传递方式的叙述，正确的是（　　　）。

　　A. 数据只能从实参单向传递给形参

　　B. 数据可以在实参和形参之间双向传递

　　C. 数据只能从形参单向传递给实参

　　D. 函数参数既可以从实参单向传递给形参，也可以在实参和形参之间双向传递，可视情况
　　　 选择使用

9. 有如下函数定义：

```
#include <stdio.h>
int  fun( int  k )
{ if (k<1)  return  0;
  else if (k==1)  return  1;
      else  return  fun(k-1)+1;
}
```

若执行调用语句"n=fun(3);"，则函数 fun 总共被调用的次数是（　　　）。

　　A. 1　　　　　　　　B. 2　　　　　　　　C. 3　　　　　　　　D. 5

10. 以下程序运行后的输出结果是（　　　）。

```
#include  <stdio.h>
int new_div(double  a, double  b)
{   return a/b + 0.5;   }
int main( )
{   printf("%d", new_div(7.8, 3.1));
    return 0;
 }
```

　　A. 1　　　　　　　　B. 2　　　　　　　　C. 3　　　　　　　　D. 0

二、填空题

1. C 语言的程序模块称为_____。

2. 函数定义时使用关键字_____表示它没有返回值。

3. C 程序的执行总是从_____开始。

4. 在调用一个函数时，当实参是数组名时，参数传递的方式为_____；当实参是普通变
量时，参数的传递方式为_____。

5. 凡在函数中未指定存储类别的变量，其隐含的存储类别是_____。

三、写出程序的运行结果

1. 以下程序运行后的输出结果是_____。

```
#include <stdio.h>
void fun(int a[], int n)
{ int  i,j=0,k=n-1, b[10];
   for (i=0; i<n/2; i++)
   {   b[i] =a[j];
       b[k]=a[j+1];
       j+=2; k--;
   }
   for (i=0; i<n; i++)
       a[i] = b[i];
}
```

```
int main()
{   int c[10]={10,9,8,7,6,5,4,3,2,1},i;
    fun(c, 10);
    for (i=0;i<10; i++)
       printf("%d,", c[i]);
    printf("\n");
    return 0;
}
```

2. 以下程序运行后的输出结果是＿＿＿＿＿＿＿＿＿＿＿＿＿。

```
#include <stdio.h>
void fun2(char a,char b)
{
    printf("%c %c",a,b);
}
char a='A',b='B';
void fun1()
{
    char a='C';
    char b='D';
}
int main()
{
    fun1();
    printf("%c %c",a,b);
    fun2('E','F');
    return 0;
}
```

3. 以下程序运行后的输出结果是＿＿＿＿＿＿＿＿＿＿＿＿＿。

```
#include <stdio.h>
void  fun (int  n)
 { n++; }
int main()
{  int  a=1 ;
   fun(a) ;
   printf( "%d  ", a );
   fun(a) ;
   printf( "%d\n", a );
   return 0;
}
```

4. 以下程序运行后的输出结果是＿＿＿＿＿＿＿＿＿＿＿＿＿。

```
#include <stdio.h>
int fun(int a,int b)
{   if(b==0)
        return a;
    else
        return(fun(--a,--b));
}
int main()
{   printf("%d\n",fun(4,2));
    return 0;
}
```

5. 以下程序运行后的输出结果是＿＿＿＿＿＿＿＿＿＿＿＿＿。

```
#include <stdio.h>
int  a=2;
int  f()
{  static int  n=0;
   int m=0;
   n++;  a++;  m++;
   return n+m+a;
```

```
    }
int main()
{   int  k;
    for (k=0; k<3; k++)
        printf("%d,", f( ));
    printf("\n");
    return 0;
}
```

6. 以下程序运行后的输出结果是_____。

```
#include <stdio.h>
int  a=1, b=2;
void fun1( int a, int b )
{  printf( "%d %d " ,a, b ); }
void fun2()
{  a=3;  b=4;  }
int main()
{  fun1(5,6);
   fun2( );
   printf( "%d %d\n",a, b );
   return 0;
}
```

四、编程题

1. 使用函数的递归调用求解 Fibonacci 数列。

Fibonacci 数列可以这样描述，数列第 1 个数是 1，第 2 个数是 1，以后每个数是其前面两个数的和，即 1,1,2,3,5,8,13,21,34,55,…。计算公式如下：

```
Fib(n)=Fib(n-1)+Fib(n-2)
```

2. 分别用函数实现下列功能。

（1）输入 3 个学生两门功课的成绩。

（2）计算每个学生的平均分。

（3）计算每门功课的平均分。

单元8
指针

08

问题引入

中国有一句文言文名句，"授人以鱼，不如授之以渔"，送给别人一条鱼能解他一时之饥，却不能解长久之饥，如果想让他永远有鱼吃，不如教会他捕鱼的方法。这句话说明，要想帮助他人解决难题，不如传授给他人解决难题的方法。在本书第七单元，我们已经学习了使用数组名作为函数参数进行函数调用时，实参传递了数组的首地址，被调用函数可以直接修改这个地址中的数据。把地址作为参数的函数调用，如同主调用函数递给被调用函数一把打开自己数据之门的钥匙，使其不仅可以获取数据，还可以修改数据，极大地提高了数据处理效率。

计算机的存储器就像一栋楼房，里面有连续的存储空间用来存放数据。这些存储空间以字节为单位。每个空间都有自己的编号，也称为地址。有了存储单元的地址，计算机系统可以快速方便地存储和管理数据。

C语言如何处理地址？这需要考虑两个问题。

问题1：如何存放地址？

问题2：如何使用地址？

本单元学习任务

本单元介绍指针变量的使用方法，学习内容有如下几点。

1. 地址和指针的概念。
2. 指针变量的定义及使用。
3. 指向数组的指针变量。
4. 用指针变量作为函数的参数。
5. 返回指针值的函数。

知识描述

指针是C语言中的一个重要概念，是C语言重要的特色。利用指针变量可以表示各种数据结构，能很方便地使用数组和字符串，并能像汇编语言一样处理内存地址，从而编写出精练高效的程序。指针在使用中也比较灵活，大家在学习本单元内容时，要多思考、多上机实践。

8.1 地址和指针

为了说清楚什么是指针，我们必须先弄清楚数据在内存中是怎样存放、怎样读取的。

计算机的内存由很多存储单元组成，这些存储单元是以字节为单位的一个连续存储空间。为了正确地访问这些内存单元，必须为每个内存单元编号。根据一个内存单元的编号即可准确地找到该内存单元。内存单元的编号即叫作地址，通常也称为指针。

如果在程序中定义了一个变量，在编译时系统就在内存中给这个变量分配了内存空间。系统会根据变量的类型，分配一定长度的空间。例如前面章节提到过，许多计算机的 C 系统为整型变量分配 4 个字节，为字符型变量分配 1 个字节。

内存用户数据区

1000	3	变量 i
1004	4	变量 j
3040	1000	变量 p

图8.1　内存分配示例图

举个例子，如果程序中有语句"int i=3, j=4;"，编译时系统分配内存编号为 1000～1003 的 4 个字节给 i，内存编号为 1004～1007 的 4 个字节给 j，并将数值 3、4 分别存入这两个区域，如图 8.1 所示。对变量值的存取是通过地址进行的。例如，"printf("%d",i);"语句的执行过程是：根据变量名 i 与地址的对应关系，找到变量 i 的地址 1000，然后从 1000 开始的 4 个字节中取出数据（即变量的值 3）输出。输入时如果用"scanf("%d",&i);"语句，就将键盘输入的值存入变量 i 对应的地址 1000 开始的整型存储区域。这种根据变量名对应的地址存取变量值的方式称为"直接访问"方式。

还有一种称为"间接访问"的方式，将变量 i 的地址存放在另一个内存单元中。C 语言规定，在程序中可以定义一种特殊变量，用来存放地址。假设变量 p 是用来存放整型变量 i 的地址的，被分配了编号为 3040～3044 的字节，那么可以通过以下语句将 i 的地址存放到 p 中：

```
p=&i;
```

这时 p 的值就是 1000，即变量 i 所占用单元的起始地址，通常称为 p 指向了 i，如图 8.1 所示。要存取变量 i 的值，也可以采用间接方式，先找到存放"i 的地址"的单元地址（3040），从中取出 i 的地址（1000），再到该地址中取出 i 的值（3）。如果有一个变量专门用来存放另一个变量的地址，则称它为指针变量。上述变量 p 就是一个指针变量。

8.2　指针变量

8-2：指针变量

在程序中定义变量后，系统会根据变量的类型，为变量在内存中分配若干字节的存储空间，此后这个变量的单元地址就确定了。有了变量的地址，就可以立即找到该变量所在的存储单元，并进行数据的存取操作。指针变量是专门存放变量地址的变量。

语法结构：

```
数据类型名 *指针变量名;
```

其中，星号（*）为定义指针变量的标志，称为指针运算符。

例如：

```
int *p;
```

表示定义指针变量 p，它指向整型变量。

假如有下列语句：

```
int a;                      /*定义整型变量 a*/
int *pointer_a;             /*定义指针变量 pointer_a */
pointer_a =&a;              /*变量 a 的地址存放在指针变量 pointer_a 中*/
```

这组语句表示，定义了整型变量 a 和指针变量 pointer_a，由取地址符号"&"得到 a 的地址，把该地址赋值给 pointer_a，此时称 pointer_a 为变量 a 的指针，或者说 pointer_a 指向了 a。当指针 pointer_a 指向了变量 a 后，可以通过 pointer_a 完成对变量 a 的各种操作。*pointer_a 表示变量 a 的值，星号"*"也称为取值运算符。

> **小提示** （1）标识符前面的"*"，表示该变量为指针变量，但指针变量名是 pointer_a，而不是* pointer_a。
>
> （2）一个指针变量只能指向同一个类型的变量。例如，上述的 pointer_a 只能指向整型变量，不能指向实型变量。这个类型在定义指针变量时指定。指针变量的类型必须与所指向变量的类型一致。
>
> （3）指针变量中只能存放地址（指针），不要将一个整型量（或任何其他非地址类型的数据）赋给一个指针变量。例如下面的赋值是不合法的：
>
> pointer_a=100;　　　　　　　　/*pointer_a 为指针变量，100 为整数*/

【例 8.1】通过指针变量访问整型变量。

程序代码：

```
#include<stdio.h>
int main()
{
    int a,b,*p;
    a=5;
    p=&a;
    b=*p+5;
    printf("a=%d,*p=%d,b=%d\n",a,*p,b);
    return 0;
}
```

程序运行结果如图 8.2 所示。

该例中，*p 在定义的位置出现，表示定义了一个指针变量，指针变量的名字是 p；在赋值语句中出现，表示取了所指变量的值。

&和*为单目运算符，优先级别仅次于括号和成员运算符，具有右结合性。运算符"&"的操作数允许是一般变量或指针变量，运算符"*"的操作数必须为指针变量或地址型表达式。

【例 8.2】取地址符号与取值符号是互为逆运算的。

程序代码：

```
#include<stdio.h>
int main()
{
    int a=5,*p;
    p=&a;
    printf("%d,%d,%d\n",&a,p,&(*p));
    printf("%d,%d,%d\n",a,*p,*(&a));
    return 0;
}
```

程序运行结果如图 8.3 所示。

```
a=5,*p=5,b=10
```
图 8.2　程序运行结果

```
10485316,10485316,10485316
5,5,5
```
图 8.3　程序运行结果

&a、p、&(*p)取值是相同的，表示指针变量 p 存放的变量 a 的地址。

a、*p、*(&a)取值是相同的，表示指针变量 p 所指向的变量 a 的值。

指针变量必须先赋值，再使用。

【例8.3】 利用指针对两个数进行排序。

程序代码：

```c
#include <stdio.h>
int main()
{
    int *p1,*p2,*p,a,b;
    printf("请输入两个整数\n");
    scanf("%d%d",&a,&b);
    p1=&a;
    p2=&b;
    if(a<b)
    {
        p=p1;p1=p2;p2=p;
    }
    printf("a=%d,b=%d\n",a,b);
    printf("max=%d,min=%d\n",*p1,*p2);
    return 0;
}
```

程序运行结果如图8.4所示。

当输入45、78时，由于 $a<b$，将p1和p2交换。交换前的情况如图8.5（a）所示，交换后的情况如图8.5（b）所示。请注意，a 和 b 并未交换，它们仍保留原值，但p1和p2的值改变了。p1的值原为&a，后来变成&b；p2的值原为&b，后来变成&a。这样在输出*p1和*p2时，实际上是输出了变量 b 和 a 的值。这个题目中交换的是指针变量的值，而不是整型变量的值。

图8.4 程序运行结果

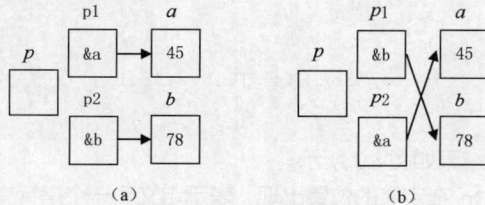

图8.5 交换指针变量的值

【练一练】

分析下面的程序，写出运行结果_____。

```c
#include <stdio.h>
int main()
{
    int i,j,*p,*q;
    p=&i;
    q=&j;
    i=5;j=9;
    printf("\n%d,%d,%d,%d",i,j,*p,*q);
    printf("\n%d,%d,%d,%d",&i,&j,p,q);
    return 0;
}
```

8.3 指向数组的指针

一个变量有地址，一个数组包含若干元素，每个数组元素都在内存中占用存储单元，它们也有相应的地址。指针变量既然可以指向变量，当然也可以指向数组和数组元素。数组元素的指针即数组元素的地址。

数组名代表数组的起始地址，这是一个不允许赋值的指针（地址常量）。对数组元素的访问，既可以采用数组下标法（如 a[5]），也可以采用指针法。指针法是指通过数组元素的指针找到所需元素。使用指针法访问数组元素能使目标程序质量更高（占内存少，运行速度快）。

8.3.1 指向一维数组的指针

1. 指向一维数组元素指针的定义

数组元素相当于一个普通变量，定义数组元素的指针与以前介绍的定义普通变量指针的方法相同。

例如：

```
int a[10];        //定义 a 为包含 10 个整型数据的数组
int *p;           //定义 p 为指向整型变量的指针变量
p=&a[0];
```

指针和一维数组

8-3：指向一维数组的指针

将数组元素 a[0] 的地址赋给指针变量 p，p 就指向数组 a 中 a[0] 元素。数组名 a 是数组的首地址，它与 &a[0] 是同一值。因此 p=&a[0] 也可以写成 p=a。

注意，数组 a 不代表整个数组，上述"p=a"的作用是"把 a 数组的首地址赋给指针变量 p"而不是"把数组 a 各元素的值赋给指针变量 p"。

在定义变量时，可以直接赋给初值：

```
int *p=&a[0];
```

它等效于以下两行语句：

```
int *p;
p=&a[0];        //注意，不是*p=&a[0];
```

当然定义时也可以写成：

```
int *p=a;
```

它的作用是将 a 的首地址（即 a[0] 的地址）赋给指针变量 p。

如果有定义：

```
int a=3,array[5]={1,2,3,4,5},*p1,*p2;
```

那么如下赋值运算都是正确的：

```
p1=&a;         //将变量 a 的地址赋值给 p1
p1=array;      //将数组 array 的首地址赋值给 p1
p1=&array[2];  //将数组元素 array[2] 的地址赋值给 p1
p2=p1;         //将指针变量 p1 的值赋值给 p2
*p1=1;         //将 p1 指向的数组元素（当前为 array[2]）赋值 1
```

8-4：数组指针的运算

2. 数组指针的运算

如果指针变量 p 指向数组 a 的某个元素，那么表达式 p+1 的含义是什么呢？C 语言规定 p+1 指向数组的下一个元素（而不是将 p 的值简单加 1）。例如，数组元素是整型，每个元素占 4 个字节，p 指向 a[0]，则 p+1 意味着使 p 的值加 4 个字节，使它指向下一个元素 a[1]。p+1 所代表的地址实际上是 p+1*d，d 是一个数组元素所占的字节数（对整型，d=4；对字符型，d=1）。

如果 p 的初值为 &a[0]，则：

（1）p+i 和 a+i 就是 a[i] 的地址，如图 8.6 所示。这里需要说明的是：a 代表数组的首地址，a+i 也是地址，它的计算方法同 p+i 相同，即它的实际地址为 a+i*d。例如，p+9 和 a+9 的值是 &a[9]。

（2）*(p+i) 或 *(a+i) 是 p+i 或 a+i 所指向的数组元素，即 a[i]。例如，*(p+5) 或 *(a+5) 就是 a[5]，即 *(p+5)=*(a+5)=a[5]。实际上，在编译时，对数组元素 a[i] 就是处理成 *(a+i) 的，即按数组首地址加上相对位移量 i*d 得到要找的元素的地址，然后找出该单元中的内容。

（3）如果要按照次序对数组各元素进行操作，通常可以使用自增运算 p++ 来完成指针移动。对于指针变量 p，可以做以下运算：p++、p——、p+i、p-i、p+=i、p-=i 等。若 p 指向数组 a 的起始地址，则：

① p++（或 p+=1），p 指向下一元素，即 a[1]。此时 *p 就是 a[1]

图 8.6 指向一维数组的指针

的值。

② *p++，由于++和*同优先级，是自右而左的结合方向，因此它等价于*(p++)。作用是先得到 p 指向的变量的值（即*p），然后再使 p 的值加 1。

③ *(p++)与*(++p)作用不同。前者是先取*p 的值，后使 p 的值加 1；后者是先使 p 加 1，再取*p。若 p 的初值为 a（即&a[0]），输出*(p++)时，得到 a[0]的值；而输出*(++p)，则得到 a[1]的值。

④ (*p)++表示 p 所指向的元素值加 1，即(a[0])++，如果 a[0]=3，则(*p)++的值为 4。注意：是元素值加 1，而不是指针值加 1。

⑤ 如果 p 当前指向 a 数组中第 i 个元素，则：

(p--)的值相当于 a[i--]，先取 p 值做""运算，再使 p 自减；

(++p)的值相当于 a[++i]，先取 p 自加，再做""运算；

(--p)的值相当于 a[--i]，先取 p 自减，再做""运算。

将++和--运算符用于指针变量十分有效，可以使指针变量向前或向后逐个移动，指向下一个或上一个数组元素。例如，想输出 a 数组的 100 个元素，可以写成：

```
p=a;                          或        p=a;
while(p<a+100)                          while(p<a+100)
    printf("%d",*p++);                      {printf("%d",*p);
                                             p++;}
```

小提示 使用*p++的形式运算时，一定要十分小心，要清楚 p 值如何变化，否则容易出错。

（4）若 p1 与 p2 指向同一数组，则 p1-p2 的值是两个指针之间的元素个数。

（5）p1+p2 无意义。

根据以上叙述，引用一个数组元素，可以用如下两种方法。

（1）下标法，如 a[i]的形式。

（2）指针法，如*(a+i)或*(p+i)。其中 a 是数组名，p 是指向数组的指针变量，其初值 p=a。

【例 8.4】指针变量的运算。

程序代码：

```
#include <stdio.h>
int main()
{
    int a[]={1,3,6,7,9,12};
    int x,*p=&a[2];        //p 指向元素 a[2]
    x=(*--p)++;            //p 先自减 1，指向 a[1]，再将 a[1]的值 3 赋给 x，最后 a[1]加 1
    printf("x=%d\n",x);
    printf("a[1]=%d\n",a[1]);
    return 0;
}
```

程序运行结果如图 8.7 所示。

【例 8.5】显示指针变量指向的当前值。

程序代码：

```
x=3
a[1]=4
```

图 8.7 程序运行结果

```
#include <stdio.h>
int main()
{
    int a[5],*p,i;
    p=a;
    for(i=0;i<5;i++)
        scanf("%d",p++);
    printf("\n");
    for(i=0;i<5;i++,p++)
```

```
        printf("%d\t",*p);
    return 0;
}
```

程序运行结果如图 8.8 所示。

```
3 8 7 5 1
0         10485320        0        5837664 0
```

图 8.8　程序运行结果

这个程序乍看起来好像没有什么问题，编译时也不会显示有错误。但是观察结果，大家会发现，第 2 行输出的数据是无意义的数字。产生此结果的原因是，程序执行完第 1 组 for 循环后，指针已经指到了数组后的内存单元，如图 8.9（a）所示。在执行第 2 个 for 循环时，p 的起始值不是&a[0]了，而是 a+5。C 编译程序并不认为这样非法，系统把它按照*(a+5)处理。因此执行第 2 个 for 循环时，输出的是 p 指向的数组 a 后面的 5 个随机数。

图 8.9　p 指针的指向

要解决这个问题，应在第 2 个 for 循环之前加一个赋值语句：

```
p=a;
```

使 p 的值重新变成&a[0]，这样结果就对了，此时 p 指针的指向如图 8.9（b）所示。

在定义数组时，必须定义数组的长度。如例 8.5 对数据类型的定义如果改为：

```
int a[],*p,i;
p=a;
```

这样对数组 a 不指定长度，企图通过 p 来指向各个元素并输出元素的值，是不行的。

小提示　指针也可以进行关系运算。

（1）若 p1 和 p2 指向同一个数组，则：

p1<p2 表示 p1 指的元素在前；

p1>p2 表示 p1 指的元素在后；

p1==p2 表示 p1 与 p2 指向同一个元素。

（2）若 p1 和 p2 不指向同一个数组，比较毫无意义。

借助指针运算，可以完成对数组元素的引用。

【例 8.6】输入 5 名学生的成绩，计算平均分，输出高于平均分的成绩，使用指针完成数组元素的操作。

程序代码：

```
#include <stdio.h>
int main()
{
```

```
        int *p,i,score[5],sum=0;
        float aver;
        p=score;
        printf("请输入 5 个学生成绩:  \n");
        for(i=0;i<5;i++,p++)
            {
                scanf("%d",p);
                sum=sum+*p;
            }
        aver=sum/5.0;
        printf("\n 平均分: %.2f\n 高于平均分的有\n ",aver);
        p=score;
        for(i=0;i<5;i++,p++)
            {
                if(*p>aver)
                    printf("%d\t",*p);
            }
        return 0;
}
```

程序运行结果如图 8.10 所示。

图 8.10 程序运行结果

现在我们知道，在使用指针变量时指针变量的值是可以改变的。例如，例 8.5 中用指针变量 p 指向元素，用 p++ 使 p 的值不断改变，这是合法的。如果不用 p 的变化而使数组名变化，是否可行呢？例如将例 8.6 中的

```
for(i=0;i<5;i++)
    scanf("%d",p++);
```

改为:

```
for(i=0;i<5;i++)
    scanf("%d",score++);
```

这是不行的。因为 score 是数组名，是数组的首地址，是个常量，它的值在程序运行期间是固定不变的。score++是什么意思呢？这是无法实现的。

【练一练】

分析下面的程序，写出运行结果_____。

```
#include <stdio.h>
int main()
{
    int a[]={1,2,3},*p,i;
    p=a;
    for(i=0;i<3;i++)
        printf("\n%d %d %d %d",a[i],p[i],*(p+i),*(a+i));
    return 0;
}
```

8.3.2 指向字符串的指针

字符数组通常用来存放字符串，可以使用指向字符数组的指针来灵活方便地进行字符串的处理。

【例 8.7】使用指向字符型数组的指针输出字符串。

8-5: 指向字符串的指针

程序代码:

```
#include<stdio.h>
int main()
{
    char str[]="Hello,China!",*p;
    p=str;
    printf("%s\n",p);
    p+=6;
    printf("%s\n",p);
    return 0;
}
```

程序运行结果如图 8.11 所示。

该例中，指针 *p* 先指向字符串首部，从此位置开始输出字符串，遇到字符串结束标志'\0'结束字符输出。执行"p+=6;"后，指针向后移动 6 个字符的位置，从字符串的第 7 个字符开始输出，遇到字符串结束标志'\0'结束字符输出。

在 C 语言中，字符串在内存中的存储方式与字符数组存储方式是一致的。计算机给字符串自动分配一个首地址，并在字符串尾部添加字符串结束标志'\0'。用字符串常量为指针变量赋值，是将字符串的首地址赋给指针变量。使用字符串指针可以代替字符数组，请看下例。

【例 8.8】使用字符指针输出字符串。

程序代码:

```
#include <stdio.h>
int main()
{
    char *str="Hello China";
    printf("%s\n",str);
}
```

程序运行结果如图 8.12 所示。

Hello,China!
China!

图 8.11　程序运行结果

Hello China

图 8.12　程序运行结果

在这里虽然没有定义字符数组，但实际上在内存中开辟了一个字符数组的空间用来存放字符串常量。在程序中定义了一个字符指针变量 str，并把字符串首地址（即存放字符串的字符数组的首地址）赋给了它。定义 str 的部分：

```
char *str="Hello China";
```

等价于下面两行：

```
char *str;
str="Hello China";
```

可以看到，str 被定义为一个指针变量，它指向字符型数据。请注意它只能指向一个字符变量或其他字符类型数据，不能同时指向多个字符数据，更不是把"Hello China" 这些字符存放在 str 中，只是把"Hello China"的首地址赋给指针变量 str。

【例 8.9】使用字符型指针复制字符串，将字符型数组 str1 中的字符串"hello"复制到 str2 中。

程序代码:

```
#include<stdio.h>
int main()
{
    char str1[10]="hello",str2[10],*p,*q;
    p=str1;
    q=str2;
    while(*p)
    {
```

```
        *q=*p;
        p++;
        q++;
    }
    *q='\0';
    puts(str1);
    puts(str2);
    return 0;
}
```

程序运行结果如图 8.13 所示。

该例中，字符型指针变量 p 和 q 先分别指向字符数组 str1 和 str2 的首地址，*p 的初值是'h'。在循环控制语句中，先检查 p 指向的字符是否为字符串结束标志'\0'，如 **图 8.13 程序运行结果** 果是的话退出循环，否则使用赋值语句 "*q=*p;"，将 p 指向的字符复制到 q 指向的位置，并保持 p 和 q 的值同步增加。循环结束后在 str2 字符串尾部加字符串结束标志。上面字符串的赋值操作也可以简写为：

```
        while(*q++=*p++);
```

不能将字符串常量赋给字符数组名，是因为数组名是地址常量，不能被赋值。但可以通过字符数组名的地址方法存取字符串的字符。请看下例。

【例 8.10】 通过字符数组名的地址（指针）方法处理例 8.9 中的问题。

程序代码：

```
#include<stdio.h>
int main()
{
    char str1[10]="hello",str2[10];
    int i;
    while(*(str1+i)!='\0')
    {
        *(str2+i)=*(str1+i);
        i++;
    }
    *(str2+i)='\0';
    puts(str1);
    puts(str2);
    return 0;
}
```

程序运行结果如图 8.13 所示。

程序中 str1 和 str2 都定义为字符数组，可以用地址方法表示数组元素。语句*(str2+i)=*(str1+i)与语句 str2[i]=str1[i]等价。

【练一练】

（1）分别通过字符数组名的地址方法和字符型指针的方法连接两个字符串"I love"和"China"。

（2）写一个函数，实现两个字符串的比较。即自己写一个 strcmp 函数：strcmp(s1,s2)。如果 s1=s2，返回 0；如果 s1≠s2，返回它们二者第一个不同字符的 ASCII 码差值（如"Boy"与"Bad"，第 2 个字母不同，则返回'o'与'a'的差 111-97=14）。如果 s1>s2，则输出正值；如果 s1<s2，则输出负值。

8.3.3 指向二维数组的指针

8-6：二维数组的地址（1）

1. 二维数组元素的地址

与一维数组一样，二维数组名 a 是数组的首地址。但二者不同的是，二维数组名的基类型不是数组元素类型，而是一维数组类型，因此，二维数组名 a 是一个行指针。

例如：如果有 "int a[3][4];" 语句，则二维数组 a 的行指针、列指针和数值如表 8.1 所示。

表 8.1 二维数组 *a* 的行指针、列指针和数值

行指针	列指针	数值			
a	a[0]	a[0][0]	a[0][1]	a[0][2]	a[0][3]
a+1	a[1]	a[1][0]	a[1][1]	a[1][2]	a[1][3]
a+2	a[2]	a[2][0]	a[2][1]	a[2][1]	a[2][1]

此例中，二维数组 *a* 包含 3 个行元素：a[0]，a[1]，a[2]，它们又都是一维数组名，因此也是地址常量；它们的类型与数组元素类型一致。*a*+1 的值是数组 *a* 的起始地址加上 1 行元素（共 4 个整数）占据的字节数的和，即 a[1] 的地址。*a*+*i* 的值是数组 *a* 的起始地址加上 *i* 行元素（共 4×*i* 个整数）所占据的字节数的和，即 a[i] 的地址，所以称 *a* 为行指针。

第 0 行首地址：a[0]，第 1 行首地址：a[1]，第 2 行首地址：a[2]。

a[0]+1 就是数组元素 a[0][1] 的地址，a[0]+2 就是数组元素 a[0][2] 的地址，a[1]+1 是数组元素 a[1][1] 的地址。以此类推，任意数组元素 a[i][j] 的地址是 a[i]+j，所以称 a[i] 为列指针。

二维数组元素的地址表示形式较多，每种地址形式都有对应的数组元素引用方法。如数组元素地址：

```
&a[i][j],a[i]+j,*(a+i)+j
```

对应的数组元素为：

```
a[i][j],*(a[i]+j),*(*(a+i)+j)
```

2. 指向二维数组元素的指针变量（列指针）

二维数组是由若干行、若干列组成的。C 语言中二维数组在内存中按照行顺序存放。一个数组元素与一个简单变量相当。因此在数组中，将一般简单变量的指针称作元素的指针。

当元素指针 *p* 指向某一个数组元素时，*p*+1 将指向的下一个元素刚好是同行的下一列元素。因此，在对二维数组操作时，经常将元素指针称作列指针（下一个元素就是同行的下一列元素）。用列指针操作二维数组，只要知道二维数组中数组元素在内存中的存放顺序即可。

【例 8.11】 使用列指针输出二维数组元素。

程序代码：

```
#include<stdio.h>
int main()
{
    int a[2][3]={{1,2,3},{4,5,6}},*p;
    for(p=a[0];p<a[0]+6;p++)
    {
        if((p-a[0])%3==0) printf("\n");
        printf("%2d",*p);
    }
    printf("\n");
    return 0;
}
```

8-7：二维数组的地址
（2）

程序运行结果如图 8.14 所示。

a[0] 是数组的第一个元素的地址，且基类型与指针 *p* 的基类型一致。所以用 p=a[0] 可以使 *p* 指向数组的第一个元素，也可以用 p=&a[0][0] 代替。

图 8.14 程序运行结果

3. 指向二维数组元素的指针变量（行指针）

行指针 *p* 是用来存放地址的变量。当 *p* 指向二维数组 *a* 中的数组元素 a[i][j] 时，*p*+1 将指向同列的下一行元素 a[i+1][j]，所以行指针不能按照一般指针变量的方法定义。行指针定义时，必须说明数组每行元素的个数。

语法结构：

8-8：指向二维数组的
指针变量

数据类型名 （*指针变量名）[行元素个数];

例如：

```
int (*p)[3];
```

该语句定义了一个指向每行 3 个整型元素的行指针 p。p 的基类型是一个包含 3 个整型元素的一维数组。如果有 int a[4][3]，则 p 与 a 的基类型相同，因此通常称 p 为指向二维数组的指针。

进一步理解，行指针是指向列指针的指针变量，列指针为一级指针，行指针为二级指针。通过行指针确定数组元素所在的行首地址，通过列指针最后确定数组元素所在的列地址。

【例 8.12】 使用行指针输出二维数组元素。

程序代码：

```
#include <stdio.h>
int main()
{
    int a[3][4]={1,2,3,4,5,6,7,8,9,10,11,12};
    int (*p)[4],i;
    for(p=a;p<a+3;p++)
    {
        for(i=0;i<4;i++)
            printf("%3d",*(*p+i));
        printf("\n");
    }
    return 0;
}
```

程序运行结果如图 8.15 所示。

该例中，把数组 a 看成一维数组，它的元素有 a[0]、a[1]、a[2]。由于指针 p 与数组名 a 表示的地址常量的基类型相同，所以可以用 p=a，使指针变量 p 指向数组 a 的第一个元素 a[0]，*p 为 a[0]的值，即为二维数组 a 中第 0 行的首地址。*(*p+1)表示二维数组元素 a[0][1]。类似地，还可以采用如下方法，利用行指针来表示二维数组元素 a[i][j]：

```
*(*(p+i)+j)    *(a[i]+j)    *(*(a+i)+j)
```

【例 8.13】 二维数组元素的不同表示方法。

程序代码：

```
#include <stdio.h>
int main()
{
    int a[3][4]={{1,2,3,4},{5,6,7,8},{9,10,11,12}};
    int (*p)[4],i=2,j=1;
    p=a;
    printf("%d,%d,%d",a[i][j],*(a[i]+j),*(*(p+i)+j));
    return 0;
}
```

程序运行结果如图 8.16 所示。

图 8.15　程序运行结果

图 8.16　程序运行结果

因为 a[i]相当于数组首地址（列指针），a[i]+j 就是 a[i][j]元素的地址，*(a[i]+j)就是元素 a[i][j]的值。同样道理，p+i 是指向第 i 行首地址的行指针，*(p+i)是指向第 i 行首地址的列指针，*(p+i)+j 就是元素 a[i][j]的地址，*(*(p+i)+j)就是 a[i][j]的值。

4. 指针数组

如果一个数组的元素都是指针类型，则该数组称为指针数组，即数组的元素都是指针变量。一维指针数组的定义形式为：

类型名 *数组名[常量表达式];

8-9：指针数组

例如：

```
int *p[5];
```

其中，[]比*的优先级高，因此 p 先与[]结合，形成 p[5]的形式，这显然是数组形式。数组 p 是一个包含 5 个元素的一维数组。它的每个元素都是基类型为 int 的指针，所以称数组 p 为指针数组。

注意 不要写成 int (*p)[5];。

为什么要用到指针数组呢？因为它比较适合于用来指向若干个字符串，使字符串处理更加方便灵活。

例如：图书馆有若干本书，想把书名放在一个数组中，对这些书进行排序和查询。按一般方法，一个字符串本身就可以看作一个一维字符数组。因此要设计一个二维的字符数组才能存放多个字符串。二维数组的列数确定后，每一行的元素个数都相等。而实际上各字符串（书名）的长度是不等的。如果按最长的字符串来定义列数，会浪费许多内存单元，如图 8.17 所示。

C	o	m	p	u	t	e	r		n	e	t	w	o	r	k	\0
V	i	s	u	a	l		C	+	+	\0						
D	a	t	a		s	t	r	u	c	t	u	r	e	\0		
O	p	e	r	a	t	i	n	g		s	y	s	t	e	m	\0
J	a	v	a	\0												

图 8.17　二维数组存放不同长度的字符串

可以分别定义一些字符串，然后用指针数组中的元素分别指向各字符串，如图 8.18 所示。

指针数组 book　　　　　　　　　字符串

book[0]　──────→　"Computer network"

book[1]　──────→　"Visual C++"

book[2]　──────→　"Data structure"

book[3]　──────→　"Operating system"

book[4]　──────→　"Java"

图 8.18　指针数组示意图

如果想对字符串排序，不必改动字符串的位置，只需改动指针数组中各元素的指向（即改变各元素的值，这些值是各字符串的首地址）。这样，各字符串的长度可以不同，而且修改指针变量的值（地址）要比移动字符串所花的时间少得多。

【例 8.14】将多个字符串按字母顺序（由小到大）输出。

分析：

可以使用选择法排序。按照前面的分析，定义指针数组 book，每个数组元素指向一个字符串，如图 8.18 所示。通过对比数组元素所指向的字符串的大小，交换指针指向，使得 book[0]指向的字符串的值最小，book[4]指向的字符串的值最大。排序后的指针数组情况如图 8.19 所示。

程序代码：

```
#include<stdio.h>
#include <string.h>
int main()
{
    char *book[]={"Computer network","Visual C++","Data sturcture",
```

图 8.19　排序结果

```
        "Operating system","Java"};
    int n=5;
    char *temp;
    int i,j,k;
    for(i=0;i<n-1;i++)          //对多个字符串排序
    {
        k=i;
        for(j=i+1;j<n;j++)
            if(strcmp(book[k],book[j])>0) k=j;
        if(k!=i)
            {temp=book[i];book[i]=book[k];book[k]=temp;}
    }
    for(i=0;i<n;i++)            //输出排序结果
        printf("%s\n",book[i]);
    return 0;
}
```

程序运行结果如图 8.20 所示。

在本例中，strcmp 是字符串比较函数，book[k] 和 book[j] 是第 k 个和第 j 个字符串的起始地址。strcmp(book[k],book[j]) 的值为：如果 book[k] 所指向的字符串大于 book[j] 所指的字符串，函数值为正值；若相等，函数值为 0；若小于，函数值为负值。if 语句的作用是将两个字符串中"小"的那个字符串的序号（i 或者 j）

图 8.20　程序运行结果

保留在变量 k 中。执行完内循环 for 语句后，从第 i 个字符串到第 n 个字符串中，第 k 个字符串最"小"。如果 k 不等于 i，那么最小的字符串不是第 i 串。因此，将 book[i] 和 book[k] 对换。

【练一练】

（1）写出以下程序的运行结果＿＿＿＿＿＿＿＿＿＿＿＿＿＿＿＿＿＿。

```
#include <stdio.h>
int main()
{
    int i,x[3][3]={9,8,7,6,5,4,3,2,1},*p=&x[1][1];
    for(i=0;i<4;i+=2)
        printf("%d",p[i]);
}
```

（2）输入 3 个字符串，按从小到大的顺序输出。

8.4　用指针变量作为函数参数

8-10：用指针变量
作为函数参数

指针变量作为函数形参时，对应的实参必须为它提供确定的地址类型的表达式的值。通过函数中的形参指针，可以间接地访问实参地址中的数据。被调用函数如果向该地址单元赋给新的值，调用结束后主调函数可以使用这个数据。使用指针参数最重要的作用是，除了用 return 返回一个值之外，还可以通过指针参数返回多个数据。

【例 8.15】指针变量作为形参，交换函数实参变量的值。

程序代码：

```
#include <stdio.h>
void swap(int *p,int *q)
{
    int t;
    t=*p;
    *p=*q;
    *q=t;
}
int main()
{
    int a=3,b=5;
    printf("a=%d,b=%d\n",a,b);
    swap(&a,&b);
    printf("a=%d,b=%d\n",a,b);
    return 0;
}
```

程序运行结果如图 8.21 所示。

```
a=3,b=5
a=5,b=3
```

图 8.21　程序运行结果

该例中，函数 swap 的形参是两个整型指针变量 p 和 q。主函数在调用它时，将变量 a 的地址传送给 p，变量 b 的地址传送给 q，这样就使得函数 swap() 的两个参数 p 和 q 分别指向主函数中的变量 a 和 b，而函数 swap() 中的语句将 p 和 q 所指的地址中的内容进行交换。对 main() 函数来说，swap() 函数改变了变量 a 和 b 的值。

指针变量作为形参，仍然遵循单向值传送规则，这里传递的值是地址值。

8.5　返回指针值的函数

一个函数可以返回一个整型值、字符值、实型值等，也可以返回指针型的数据，即地址。这种返回指针值的函数一般定义形式为：

类型名　*函数名（参数列表）

例如：

```
int *a( int x,int y);
```

8-11：返回指针值的函数

a 是函数名，调用它以后能得到一个指向整型数据的指针（地址）。( ) 的优先级高于*，所以 a(int x,int y) 是函数，前面加个*，表示此函数是指针型函数（函数返回值是指针）。最前面的 int 表示返回的指针指向整型变量。

在使用函数返回指针类型时，要特别注意不能返回已经释放的内存地址。

例如：

```
char* GetMemory()
{
    char p[] = "hi";
    return p;
}
int main()
{
    char *str = GetMemory(); //出错! 得到一块已释放的内存
    printf(str);
    return 0;
```

}

使用栈内存返回指针明显是错误的，因为栈内存将在调用结束后自动释放，因而主函数使用该地址空间将很危险。

🖊 实例分析与实现

8-12：实例分析与
实现（1）

1. 计算字符串中子串出现的次数。例如："say"在"sayyousaymesaywetogether"中出现的次数为3。

分析：

（1）分别定义两个字符型数组 str1 和 str2，str1 存放用户输入的字符串，str2 存放要查找的子串。

（2）使用两个字符指针变量 p1 和 p2，分别指向两个字符串的起始位置。

（3）当*p1 不是字符结束标志时，进行如下循环：如果 p1 和 p2 当前指向的字符相同，则 p1 和 p2 同步后移，进一步比较下一个字符，直到*p2 为字符串结束标识'\0'或 p1 和 p2 指向字符不同；如果 p1 和 p2 当前指向的字符不同，则 p1++。如果此时 p2 指向字符串结束，则说明找到了一次子串，计数器 sum 加 1。p2 重新指向 str2 首地址，继续循环。

程序代码：

```
#include "string.h"
#include "stdio.h"
int main()
{ char str1[20],str2[20],*p1,*p2;
  int sum=0;
  printf("please input two strings\n");
  scanf("%s%s",str1,str2);
  p1=str1;p2=str2;
  while(*p1!='\0')
  {
    if(*p1==*p2)
      {
        while(*p1==*p2&&*p2!='\0')
        {
          p1++;
          p2++;
        }
      }
    else
        p1++;
    if(*p2=='\0')
        sum++;
    p2=str2;
  }
  printf("%d",sum);
  return 0;
}
```

程序运行结果如图 8.22 所示。

```
please input two strings
sayyousaymesaywetogether
say
3
```

图 8.22 程序运行结果

2. 有一个 3×3 的矩阵 *a*，编程对它进行转置操作，用指向二维数组的指针完成。

分析：

以主对角线为界，对矩阵的行列元素互换即可，即 a[i][j] 与 a[j][i] 交换。

（1）数组 *a* 初始化。

（2）指针 *p* 指向数组 *a*。

（3）进行数组元素转置。

（4）输出结果。

8-13：实例分析与
实现（2）

程序代码：

```
#include <stdio.h>
int main()
{
    int a[3][3]={1,2,3,4,5,6,7,8,9};
    int i,j,k,(*p)[3]=a;
    printf(" 转置前\n");
    for(i=0;i<3;i++)
        {
            for(j=0;j<3;j++)
                printf("%6d ",*(*(p+i)+j));
            printf("\n");
        }
    for(i=0;i<3;i++)
    {
        for(j=i;j<3;j++)
        {
            k=*(*(p+i)+j);
            *(*(p+i)+j)=*(*(p+j)+i);
            *(*(p+j)+i)=k;
        }

    }
    printf(" 转置后\n");
    for(i=0;i<3;i++)
        {
            for(j=0;j<3;j++)
                printf("%6d ",*(*(p+i)+j));
            printf("\n");
        }
    return 0;
}
```

程序运行结果如图 8.23 所示。

图 8.23　程序运行结果

知识拓展　main 函数的形式参数

指针数组的一个重要应用是作为 main 函数的形参。在以往程序中，main 函数的第一行一般写成以下形式：

```
int main()
```

括弧中是空的，实际上 main 函数可以有参数。例如：

```
int main(argc,argv)
```

argc 和 argv 就是 main 函数的形参。main 函数是由系统调用的，当处于操作命令状态下，输入 main 所在的文件名（经过编译、连接后得到的可执行文件名），系统就调用 main 函数。那么，main 函数形参的值从何处得到呢？实际上实参是和命令一起给出的。也就是在一个命令行中包括命令名和需要传给 main 函数的参数。命令行的一般形式为：

```
命令名    参数 1 参数 2 …… 参数 n
```

命令名和各参数之间用空格分隔。例如，若有一个目标文件名为 file1，如果想将两个字符串"China"和"Beijing"作为传送给 main 函数的参数，可以写成以下形式：

```
file1 China Beijing
```

main 函数中的形参 argc 是指命令行中参数的个数（注意，文件名也作为一个参数）。本例中有 3 个命令行参数：file1、China、Beijing，因此 argc 的值为 3。

main 函数中的形参 argv 是一个指向字符串的指针数组，也就是说，带参数的 main 函数的形式应当是：

```
int main(int  argc,char *argv[ ])
```

命令行参数应当都是字符串，这些字符串的首地址构成一个指针数组，如图 8.24 所示。

图 8.24 main 命令行参数

指针数组 argv 中的元素 argv[0]指向字符串"file1"，argv[1]指向字符串"China"，argv[2]指向字符串"Beijing"。

如果有一个 main 函数，它的文件名为 file2，如下：

```
#include <stdio.h>
int main(int argc,char *argv[])
{while(argc>1)
  {
    ++argv;
    printf("%s\n",*argv);
    --argc;
  }
  return 0;
}
```

输入命令行参数为：

```
file2 hello world
```

则执行以上命令行将会输出以下信息：

```
hello
world
```

main 函数的形参不一定命名为 argc 和 argv，可以是任意名字。只是人们习惯用 argc 和 argv 而已。

利用指针数组作 main 函数的形参，可以向程序传送命令行参数（这些参数是字符串）。这些字符串的长度事先并不知道，而且各参数字符串的长度一般并不相同。命令行参数的数目也可以是任意的。用指针数组能够较好地满足上述要求。

同步练习

一、选择题

1. 已知"char s[10],*p=s;"，则下列语句中错误的是（   ）。

   A. p=s+5;　　　　　B. s=p+s;　　　　　C. s[2]=p[4]　　　　　D. *p=s[0]

2. 已知"int a,*b,b=&a;"，则下列运算错误的是（   ）。

   A. *&a　　　　　　B. &*a　　　　　　C. *&b　　　　　　D. &*b

3. 已知"char s[20]="programming",*ps=s;"，则不能引用字母 o 的表达式是（   ）。

   A. ps+2　　　　　B. s[2]　　　　　　C. ps[2]　　　　　D. ps+=2,*ps

4. 现有如下定义语句：

```
int*p,s[20],i;
p=s;
```

   则表示数组元素 s[i]的表达式不正确的是（   ）。

   A. *(s+i)　　　　　B. *(p+i)　　　　　C. *(s=s+i)　　　　　D. *(p=p+i)

5. 已知"char *p,*q;"，则下面语句正确的是（   ）。

   A. p*=3;　　　　　B. p/=q;　　　　　C. p+=3;　　　　　D. p+=q;

6. 已知"int *p,n;"，则通过语句 scanf 能够正确读入数据 n 的程序段是（   ）。

   A. p=&n;scanf("%d",&p);　　　　　　B. p=&n;scanf("%d",*p);

   C. scanf("%d",n);　　　　　　　　　D. p=&n;scanf("%d",p);

7. 若有定义"int x,*pb;"，则以下表达式正确的是（   ）。

   A. pb=&x　　　　　B. pb=x　　　　　C. *pb=&x　　　　　D. *pb=*x

8. 以下程序的输出结果是（   ）。

```
#include<stdio.h>
void main()
{printf("%d\n",NULL);}
```

   A. 因变量无定义输出不定值　　　　　B. 0

   C. −1　　　　　　　　　　　　　　　D. 1

9. 已知指针 p 指向图 8.25 所示的 a[1]，则执行语句"*p++;"后，*p 的值是（   ）。

   A. 20　　　　　　B. 30　　　　　　C. 21　　　　　　D. 31

a[0]	a[1]	a[2]	a[3]	a[4]
10	20	30	40	50

图 8.25

10. 已知指针 p 指向图 8.25 所示的 a[1]，则表达式*++p 的值是（   ）。

    A. 20　　　　　　B. 30　　　　　　C. 21　　　　　　D. 31

11. 已知指针 p 指向图 8.25 所示的 a[1]，则表达式++*p 的值是（   ）。

    A. 20　　　　　　B. 30　　　　　　C. 21　　　　　　D. 31

12. 若有语句"int *point,a=4;"和"point=&a;"，则下面均代表地址的一组选项是（   ）。

    A. a,point,*&a　　　　　　　　　　B. &*a,&a,*point

    C. *&point,*point,&a　　　　　　　D. &a,&*point,point

13. 若有下面的程序段：

```
char s[]="China"; char *p; p=s;
```

    则下列叙述正确的是（   ）。

    A. s 和 p 完全相同

    B. 数组 *s* 中的内容和指针变量 *p* 中的内容相等

    C. 数组 *s* 的长度和 *p* 所指向的字符串长度相等

    D. *p 与 s[0]相等

14. 已定义以下函数：

```
fun(char *p2, char *p1)
{
    while((*p2=*p1)!='\0'){p1++;p2++;}
}
```

则此函数的功能是（   ）。

    A. 将 p1 所指字符串复制到 p2 所指内存空间

    B. 将 p1 所指字符串的地址赋给指针 p2

    C. 对 p1 和 p2 两个指针所指字符串进行比较

    D. 检查 p1 和 p2 两个指针所指字符串中是否有'\0'

15. 下面程序段中，输出*的个数是（   ）。

```
char *s="\ta\018bc";
for(;*s!='\0';s++)printf("*");
```

    A. 9   B. 5   C. 6   D. 7

16. 下列程序执行后的结果为（   ）。

```
#include "stdio.h"
int main()
{
    int c[][4]={1,2,3,4,5,6,7,34,213,56,62,3,23,12,34,56};
    printf("%x,%x\n",c[2][2],*(*(c+1)+1));
}
```

    A. 3e,6   B. 62,5   C. 56,5   D. 3E,6

二、填空题

1. &在指针部分代表_____运算符，*代表_____运算符。

2. 已知 "int a[]={1,2,3,4},y,*p=&a[1];"，则执行语句 "y=(*--p)++;"后，变量 *y* 的值为_____。

3. 已知 "char s1[10], *s2="ab\0cdef";"，则执行语句 "strcpy(s1,s2);"后，变量 s1 的内容为_____。

4. 设有以下定义和语句，则*(*(p+2)+1)的值为_____。

```
int a[3][2]={10, 20, 30, 40, 50, 60}, (*p)[2];
p=a;
```

三、写出程序的运行结果

1. 以下程序的运行结果是_____。

```
#include<stdio.h>
void sub(int x,int y,int *z)
{*z=y-x;}
int main()
{
    int a,b,c;
    sub(10,5,&a);
    sub(7,a,&b);
    sub(a,b,&c);
    printf("%d,%d,%d\n",a,b,c);
    return 0;
}
```

2. 以下程序的运行结果是_____。

```
#include<stdio.h>
int main()
{
    int k=2,m=4,n=6;
    int *pk=&k,*pm=&m,*p;
```

```
    *(p=&n)=*pk*(*pm);
    printf("%d\n",n);
    return 0;
}
```

3. 以下程序的运行结果是_____。

```
#include<stdio.h>
void prtv(int *x)
{  printf("%d\n",++*x);}
int main()
{
    int a=25;prtv(&a);
    return 0;
}
```

4. 以下程序的运行结果是_____。

```
#include<stdio.h>
ss(char  *s)
{   char *p=s;
    while(*p)  p++;
    return(p-s);
}
int main()
 {
    char  *a="abded";
    int   i;
    i=ss(a);
    printf("%d\n",i);
    return 0;
 }
```

5. 以下程序的运行结果是_____。

```
int main()
{
    char   b[]="ABCD";
    char   *chp;
    for(chp=b;*chp; chp+=2)
      printf("%s",chp);
    printf("\n");
    return 0;
}
```

6. 以下程序的运行结果是_____。

```
void ss(char *s,char t)
{
    while(*s)
    {
        if(*s= =t)*s=t-'a'+'A';
        s++;
    }
}
int main()
{
    char str1[100]="abcddfefdbd",c='d';
    ss(str1,c);
    printf("%s\n",str1);
    return 0;
}
```

四、编程题

1. 从键盘输入一个字符串，按照字符顺序从小到大进行排列，并删除重复的字符。

2. 输入 3 个字符串，按照由小到大的顺序输出。

3. 输入一行字符串，内有数字和非数字字符，例如：

```
A23xfd 7457  d?fe787c676
```

将其中连续的数字作为一个整数，依次存放到一个数组 *a* 中。例如，23 存放到 a[0]，7 457 存放到 a[1]……统计共有多少个非负整数，并输出这些数。

4. 有一个字符串，包含 *n* 个字符。写一个函数，将从此字符串中第 *m*（*m<n*）个字符开始的全部字符复制成为另外一个字符串。

5. 输入一串字符，将其中小写字母转换成大写字母并输出新的字符串。

单元9
结构体和共用体

09

问题引入

回顾一下我们已经学习的C语言数据类型，包括了基本数据类型（整型、实型、字符型）、指针类型和数组类型。在程序开发中，常常需要描述由多个不同性质的数据项组成的数据。例如，描述一个学生时需要使用学号、姓名、班级、课程成绩等数据项。由于这些数据项的类型各不相同，之前已学的数组不能实现对学生的描述；如果将这些数据项使用多个变量分别描述，就无法反映出各个数据项之间的关系，从而失去了整体性。

为了解决这个问题，C语言提供了两种构造类型：结构体类型和共用体类型，以组合多种不同类型的数据。在此先提出两个问题。

问题1：如何定义构造类型？
问题2：如何使用构造类型？

本单元学习任务

本单元学习任务包括以下主要内容。
1. 掌握构造类型的定义方法、使用方法。
2. 理解链表的概念及其基本操作。
3. 培养使用构造类型描述数据和解决问题的能力。

知识描述

9.1 结构体类型

C 语言的数据类型有多种，其中，构造数据类型是把多个数据结合在一起，每一个数据被称为构造类型的"成员"。数组就是构造类型中的一种，只是数组是由多个相同数据类型的"成员"组成；而结构体可以由多个不同数据类型的"成员"组成。

9.1.1 结构体类型的定义

1. 结构体类型定义的一般形式

使用结构体类型时，首先要"构造"它，如同在调用函数之前要先定义函数一样。结构体类型的定义方式是：

```
struct 结构体类型名称
{
```

9-1：结构体类型的定义

```
        数据类型  成员名 1;
        数据类型  成员名 2;
        ...
        数据类型  成员名 n;
};
```

需要说明的是：

（1）struct 是关键字，结构体类型名称的命名规则满足标识符命名规则。

（2）结构体类型中的"成员"由大括号"{}"括起来，用来说明该结构体有哪些成员以及各成员的数据类型。

（3）结构体类型定义末尾括号后的分号";"必不可少。

【例 9.1】定义一个结构体类型来描述学生信息。该信息的成员由学号、姓名、班级、课程成绩组成。

```
struct student
{
    int sno;                    //学号
    char name[20];              //姓名
    char classname[20];         //班级
    int grade[3];               //三门课程的成绩
};
```

【练一练】

定义一个结构体类型来描述日期信息，该信息的成员由年、月、日组成。

2. 类型定义

C 语言允许用户使用 typedef 语句定义新的数据类型名代替已有的数据类型名。类型定义的一般形式为：

```
typedef  类型名 新类型名
```

其中，typedef 是关键字，类型名是标准类型名或用户自定义的构造类型名，新类型名是对已有类型重新定义的名称。例如：

```
typedef int INTEGER;
```

将 int 类型重新定义为 INTEGER，在程序中就可以用 INTEGER 定义变量。例如：

```
INTEGER x,y;
```

其功能与"int x,y;"是等价的。

【例 9.2】使用 typedef 为结构体类型 student 定义一个新类型名称 STU。

```
typedef struct student
{
    int sno;
    char name[20];
    char classname[20];
    int grade[3]
}STU;
```

需要说明的是，使用 typedef 只是定义了一个新的类型名称来代替已有的类型名，并没有建立一个新的数据类型。

9.1.2　结构体变量的定义

结构体类型定义之后，就可以作为一种已存在的数据类型使用。但是，它只是一个"模型"，并没有具体的数据，编译器也没有在内存中为它分配存储空间。为了在程序中可以使用结构体类型的数据，必须定义结构体变量。结构体变量的定义有如下 3 种方式。

1. 先定义结构体类型，再定义结构体变量

语法结构：

```
struct 结构体类型名称
```

```
{
    数据类型 成员名1;
    数据类型 成员名2;
    ...
    数据类型 成员名n;
};
struct 结构体类型名 变量名;
```

例如：定义结构体变量 stu1，它的数据类型是结构体类型 student。

```
struct student
{
    int sno;
    char name[20];
    char classname[20];
    int grade[3]
};
struct student stu1;
```

2. 在定义结构体类型的同时定义结构体变量

语法结构：

```
struct 结构体类型名称
{
    数据类型 成员名1;
    数据类型 成员名2;
    ...
    数据类型 成员名n;
}结构体变量;
```

例如：

```
struct student
{
    int sno;
    char name[20];
    char classname[20];
    int grade[3]
}stu1;
```

3. 直接定义结构体变量

采用这种方式定义的结构体没有类型名称，如果需要在后面的程序中定义同类型的变量就不方便了。

语法结构：

```
struct
{
    数据类型 成员名1;
    数据类型 成员名2;
    ...
    数据类型 成员名n;
}结构体变量;
```

例如：

```
struct
{
    int sno;
    char name[20];
    char classname[20];
    int grade[3]
}stu1;
```

> **小提示** 结构体变量定义后，编译器就会为其分配内存。它所占用的实际字节数，就是其各个"成员"所占用字节数的总和。上述例子的变量 stu1 中各成员所占用内存如图9.1 所示。

					grade	

图9.1　结构体变量 stu1 中各成员所占用内存示意图

【例 9.3】 利用 sizeof 运算符计算一个结构体类型的数据在内存占用的实际字节数。

```c
#include <stdio.h>
struct student
{
    int sno;
    char name[20];
    char classname[20];
    int grade[3];
}stu1;
int main()
{
    printf("%d\n",sizeof(stu1));
    return 0;
}
```

9.1.3　结构体变量的初始化

为结构体变量初始化的过程，就是为结构体各个成员初始化的过程。结构体变量的初始化有以下两种方式。

1. 在定义结构体类型和结构体变量的同时为结构体变量初始化

例如：

```c
struct student
{
    int sno;
    char name[20];
    char classname[20];
    int grade[3]
}stu1{201601, "李磊","软件 16 级 1 班",{90,85,80}};
```

9-2: 结构体变量的使用

上述示例中定义了结构体变量 stu1，并且进行了初始化，此时变量 stu1 的存储结构如图 9.2 所示。

			grade		
201601	李磊	软件16级1班	90	85	80

图9.2　结构体变量 stu1 的存储结构

2. 定义结构体类型后为结构体变量初始化

例如：

```c
struct student
{
    int sno;
    char name[20];
    char classname[20];
    int grade[3]
};
struct student stu1={201601, "李磊","软件 16 级 1 班",{90,85,80}};
```

9.1.4　结构体变量的引用

为结构体变量的初始化，完成了对结构体变量中所有"成员"的赋值操作。那么，如何引用结构体变量中的一个成员呢？引用结构体变量的语法结构是：

结构体变量名.成员名

例如：

```
stu1.sno=20160101;
stu1.name="李磊";
stu1.classname="软件16级1班";
stu1.grade[0]=90;
stu1.grade[1]=85;
stu1.grade[2]=80;
```

需要说明的是，其中"."是一个运算符，表示对结构体变量的成员进行访问，它的优先级最高，结合性是从左到右。

【例 9.4】由例 9.1 可知，为了描述学生信息，定义了一个名称为 student 的结构体类型。现在要求通过键盘输入一个学生信息，并且输出这个学生的所有信息。

程序代码：

```
#include <stdio.h>
struct student
{
    int sno;
    char name[20];
    char classname[20];
    double grade[3];
};
int main()
{
    struct student stu1;
    printf("请输入学生信息：学号、姓名、班级、三门课程的成绩\n");
    scanf("%d ",&stu1.sno);
    scanf("%s",stu1.name);
    scanf("%s",stu1.classname);
    scanf("%lf%lf%lf",&stu1.grade[0],&stu1.grade[1],&stu1.grade[2]);
    printf("结构体变量 stu1 的信息为：\n");
    printf("学号:%d\n",stu1.sno);
    printf("姓名:%s\n",stu1.name);
    printf("班级:%s\n",stu1.classname);
    printf("课程1:%f\n",stu1.grade[0]);
    printf("课程2:%f\n",stu1.grade[1]);
    printf("课程3:%f\n",stu1.grade[2]);
    return 0;
}
```

程序运行结果如图 9.3 所示。

图 9.3 程序运行结果

【例 9.5】从键盘输入学生信息，计算该学生的成绩平均分，并输出该学生的信息。

分析：

（1）定义一个结构体类型描述学生信息。

（2）学生的成绩是该结构体类型中的一个成员，使用数组类型存储数据，通过遍历数组中的数组元素，经过累加求和，就可以计算成绩的平均分。

程序代码：

```c
#include <stdio.h>
struct student
{
    int sno;
    char name[20];
    char classname[20];
    double grade[3];
};
int main()
{
    struct student stu1;
    printf("请输入学生信息：学号、姓名、班级、三门课程的成绩\n");
    scanf("%d",&stu1.sno);
    scanf("%s",stu1.name);
    scanf("%s",stu1.classname);
    scanf("%lf%lf%lf",&stu1.grade[0],&stu1.grade[1],&stu1.grade[2]);
    double sum=0,avg;
    int i;
    for(i=0;i<3;i++)    //遍历数组求累加和
    {
        sum+=stu1.grade[i];
    }
    avg=sum/3.0;
    printf("结构体变量stu1的信息为：\n");
    printf("学号:%d\n",stu1.sno);
    printf("姓名:%s\n",stu1.name);
    printf("班级:%s\n",stu1.classname);
    printf("课程1:%f\n",stu1.grade[0]);
    printf("课程2:%f\n",stu1.grade[1]);
    printf("课程3:%f\n",stu1.grade[2]);
    printf("课程平均分:%lf\n",avg);
    return 0;
}
```

程序运行结果如图 9.4 所示。

图 9.4　程序运行结果

小提示　结构体成员的类型可以是基本数据类型，也可以是结构体类型等任何数据类型。

【练一练】

（1）编译、运行下列程序，分析并写出程序的运行结果_____。

```
#include   <stdio.h>
#include   <string.h>
struct S
{
    char name[10];
 };
int main()
{
    struct S  s1, s2;
    strcpy(s1.name, "XXX");
    strcpy(s2.name, "=");
    s1 = s2;
    printf("%s\n", s1.name);
    return 0;
}
```

（2）从键盘输入员工的信息，包括姓名、性别和出生日期，计算员工的年龄，并输出所有的信息。

分析:

定义员工结构体类型，员工的成员中姓名为字符串类型，性别为字符类型，出生日期是由年、月、日组成的一个整体，因此定义为结构体类型。

```
struct date
{   int year;
    int month;
    int day;
};  //定义出生日期为结构体类型
struct worker
{   char name[20];
    char sex;
    struct date birthday;
};
```

9.2 结构体数组

通过前面课程的学习，我们已经学会了使用结构体类型 student 描述学生信息。假设一个班有 30 个学生，如果我们需要描述这 30 个学生的信息，就需要定义一个长度为 30 的 student 类型的数组，这个数组就是结构体数组。

9-3: 结构体数组

例如:

```
struct student
{
    int sno;
    char name[20];
    char classname[20];
    double grade[3]
};
struct student stu[2];
```

本例中，定义了一个包含两个元素的数组 stu，其中数组元素 stu[0]、stu[1]的类型都是结构体类型 student。

【例 9.6】通过键盘输入两位学生的信息，包括学号、姓名、班级、课程成绩，并且输出这两个学生的所有信息。

程序代码:

```
#include <stdio.h>
struct student
{
    int sno;
    char name[20];
```

```
        char classname[20];
        double grade[3];
};
int main()
{
        struct student stu[2]; //结构体数组
        for(int i=1;i<3;i++)    //循环输入学生信息
        {
                printf("请输入第%d个学生的信息: 学号、姓名、班级、三门课程的成绩\n",i+1);
                scanf("%d",&stu[i].sno);
                scanf("%s",stu[i].name);
                scanf("%s",stu[i].classname);
        scanf("%lf%lf%lf",&stu[i].grade[0],&stu[i].grade[1],&stu[i].grade[2]);
        }
        for(int i=0;i<2;i++)    //循环输出学生信息
        {
                printf("第%d个学生的信息为: \n",i);
                printf("学号:%d\n",stu[i].sno);
                printf("姓名:%s\n",stu[i].name);
                printf("班级:%s\n",stu[i].classname);
                printf("课程1:%f\n",stu[i].grade[0]);
                printf("课程2:%f\n",stu[i].grade[1]);
                printf("课程3:%f\n",stu[i].grade[2]);
        }
        return 0;
}
```

程序运行结果如图9.5所示。

图9.5 程序运行结果

【练一练】

用键盘输入3个员工的信息，包括姓名、性别和出生日期，计算员工的年龄，并输出每个员工的所有信息。

9-4：结构体指针

9.3 结构体指针

当一个指针变量指向一个结构体变量时，被称为结构体指针变量。结构体指针变量的定义方式与一般指针类似。

例如：

```
struct student s;
struct student *p=&s;
```

上述代码中，定义了一个结构体指针变量 *p*，并且将结构体变量 *s* 的地址赋值给 *p*，也就是说，*p* 就是指向结构体变量 *s* 的指针。

通过结构体指针变量访问结构体变量中的成员，有两种方式，其语法结构如下。

（1）*(结构体指针变量).成员名

（2）结构体指针变量->成员名

【例 9.7】改写例 9.4，用指针变量引用结构体变量的成员。

程序代码：

```
#include <stdio.h>
struct student
{
    int sno;
    char name[20];
    char classname[20];
    double grade[3];
};
int main()
{
    struct student stu1={20160101,"李磊","软件16级1班",{90,85,80}};
    struct student *p;
    p=&stu1;
    printf("学号:%d\n",(*p).sno);
    printf("姓名:%s\n",(*p).name);
    printf("班级:%s\n",(*p).classname);
    printf("课程1:%f\n",(*p).grade[0]);
    printf("课程2:%f\n",(*p).grade[1]);
    printf("课程3:%f\n",(*p).grade[2]);
    return 0;
}
```

程序运行结果如图 9.6 所示。

图9.6 程序运行结果

【练一练】

编译、运行下列程序，分析并写出程序的运行结果_____。

```
#include <stdio.h>
struct tt
{ int x;
   struct tt *y;
} s[3]={ 1,0,2,0,3,0};
int main( )
{ struct  tt *p=s+1;
   p->y=s;
   printf("%d,",p->x);
   p=p->y;
   printf("%d\n",p->x);
   return 0;
}
```

9.4 结构体与函数

9-5：结构体与函数

函数的参数和返回值类型可以是基本数据类型的变量、指针、数组，也可以是结构体类型的变量、指针、数组。结构体与函数的关系主要分为 3 种：结构体变量作为函数参数，结构体指针作为函数参数，函数的返回值是结构体类型。

【例 9.8】以结构体类型的变量作为函数参数。定义一个函数，其功能是输出学生信息。

程序代码：

```c
#include <stdio.h>
struct student
{
    int sno;
    char name[20];
    char classname[20];
    double grade[3];
};
void showStuInfo(struct student stu)
{
    printf("学号:%d\n",stu.sno);
    printf("姓名:%s\n",stu.name);
    printf("班级:%s\n",stu.classname);
    printf("课程1:%f\n",stu.grade[0]);
    printf("课程2:%f\n",stu.grade[1]);
    printf("课程3:%f\n",stu.grade[2]);
}
int main()
{
    struct student stu1={20160101,"李磊","软件16级1班",{90,85,80}};
    showStuInfo(stu1);
    return 0;
}
```

程序运行结果如图 9.7 所示。

```
学号:20160101
姓名:李磊
班级:软件16级1班
课程1:90.000000
课程2:85.000000
课程3:80.000000
```

图 9.7　程序运行结果

小提示　结构体变量作为函数参数时，实参传递给形参的方式是值传递，即传递的是结构体各成员的值。如果结构体的成员较多，则传递的字节数就很多，这样会降低程序的执行效率。因此，建议使用结构体指针作为函数参数，这时实参传递给形参的方式就是地址传递，实参和形参指向同一块内存空间。

【例 9.9】以结构体指针作为函数参数，定义一个函数，其功能是输出学生信息。

程序代码：

```c
#include <stdio.h>
struct student
{
    int sno;
    char name[20];
```

```
        char classname[20];
        double grade[3];
};
void showStuInfo(struct student *p)  //结构体指针作为函数参数
{
        printf("学号:%d\n",(*p).sno);
        printf("姓名:%s\n",(*p).name);
        printf("班级:%s\n",(*p).classname);
        printf("课程1:%f\n",(*p).grade[0]);
        printf("课程2:%f\n",(*p).grade[1]);
        printf("课程3:%f\n",(*p).grade[2]);
}
int main()
{
        struct student stu1={20160101,"李磊","软件16级1班",{90,85,80}};
        showStuInfo(&stu1);          //实参是结构体变量的地址
        return 0;
}
```

本例中，函数 showStuInfo 的参数是结构体指针，因此实参需要传递的是结构体变量的首地址。通过 "&" 运算符获取结构体变量 stu1 的首地址，然后将其作为实参传递给函数 showStuInfo。

【练一练】

定义一个复数结构体类型，编写程序实现两个复数的加法运算。

分析：

（1）复数是由实部和虚部组成的，由此可知，实部和虚部就是组成复数这个结构体类型的"成员"。

```
struct comp
{
        float a;          //实部
        float b;          //虚部
};
```

（2）定义函数实现复数的加法运算，函数的返回值类型是结构体类型，函数的参数是结构体指针。

9.5 链表

9.5.1 链表的概念

9-6：链表的概念

链表是一种常见的数据结构，如图 9.8 所示，它由两部分组成。

（1）头指针。图中以 *h* 表示，存储的是第一个结点的首地址。

（2）结点。链表中每一个元素称为一个结点，每个结点包含以下两个部分。

- 数据域：存储用户需要的数据。
- 指针域：存储下一个结点的地址。

图9.8 链表结构

链表中最后一个结点称为尾结点，其指针域为 NULL，表示空地址，即不指向其他元素，表示链表的结束。可以看出，*h* 指向第 1 个结点，第 1 个结点又指向第 2 个结点，直到最后一个结点。这就是一个 "链"，一环扣一环。

链表和数组都可以存储大批量的数据，它们之间的区别如下。

（1）数组定义时必须指定数组长度，所占用的内存空间大小固定。链表则是在执行过程中根据需要动态申请空间，结点的个数可以根据需要增加或减少。

（2）数组元素的查找通过数组下标和数组首地址确定。链表的查找必须从第一个结点开始依次查找。

9.5.2 链表的实现

9-7：链表的实现

建立链表，就是一个一个地开辟结点，输入各个结点的数据，并且建立起结点前后的连接关系。链表结构如图 9.9 所示。

图 9.9 链表结构

1. 链表的构成

链表是由若干个结点通过指针域连接起来的。结点的成员包含数据域和指针域，可以使用结构体类型定义结点。

```
struct node
{
    int data;
    struct node *next; //指针变量，指向结构体变量
};
```

其中，结构体成员 data 存储整型数据，指针类型的成员 next 指向自己所在的结构体类型 struct node 的数据，存储下一个结点的地址。

2. 链表的建立

链表建立的过程就是不断在其尾部插入结点的过程。

（1）初始化链表，仅包括头指针和首结点，结构如图 9.10 所示。

图 9.10 初始化链表

第 1 步：定义两个指针变量——头指针 h 和 s，指向 struct node 类型的数据。

第 2 步：建立"空"链表，使 h 的值为 NULL，如图 9.11（a）所示。

第 3 步：建立首结点。动态申请存储空间，并使指针 s 指向该空间。该结点的指针域为 NULL，如图 9.11（b）所示。

第 4 步：使头指针 h 指向首结点，如图 9.11（c）所示。

（a）　　　　　　（b）　　　　　　（c）

图 9.11 初始化链表过程

程序代码：

```
struct node *h,*s;
h=NULL;
s=(struct node*)malloc(sizeof(struct node));
s->next=NULL;
h=s;
```

（2）在尾结点尾部插入新结点。

第1步：生成新结点，其 data 成员存入数据，next 成员为 NULL，如图 9.12（a）所示。

第2步：将新结点链接到链表中，也就是使首结点的 next 指针域指向新结点，如图 9.12（b）所示。

第3步：将指针 s 指向新结点。

图 9.12　建立链表过程

程序代码：

```
p=(struct node*)malloc(sizeof(struct node));
p->data=i;
p->next=NULL;
s->next=p;
s=p;
```

（3）根据链表中所需结点的个数，循环执行步骤（2）所说明的操作，建立链表结构，如图 9.13 所示。

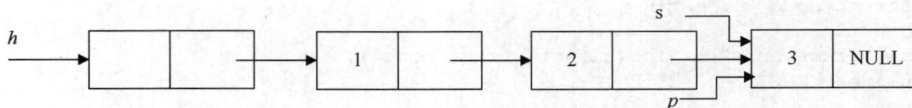

图 9.13　链表结构

程序代码：

```
for(int i=0;i<3;i++)
    {
        p=(struct node*)malloc(sizeof(struct node));
        p->data=i+1;
        p->next=NULL;
        s->next=p;
        s=p;
    }
```

9.5.3　链表的操作

【例 9.10】对图 9.13 所示的链表中的结点进行遍历，以输出每个结点的数据域。

分析：

由于 h 指针指向链表中的首结点，所以可以设置指针变量 p，指向该结点的下一个结点，输出 p 所指结点的数据域，如图 9.14（a）所示。然后 p 向后移动，指向下一个结点，继续输出，如图 9.14（b）所示。直到 p 指向了空地址 NULL，如图 9.14（c）所示。

9-8：链表的操作

（a）

图 9.14　输出链表

179

（b）

（c）

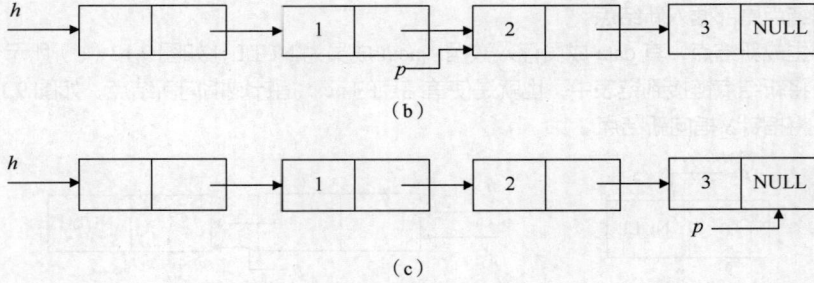

图 9.14　输出链表（续）

程序代码：

```
#include <stdio.h>
#include<stdlib.h>
struct node
{
    int data;
    struct node *next;
};
int main()
{
    struct node *h,*s,*p;
    h=NULL;
    s=(struct node*)malloc(sizeof(struct node));
    s->next=NULL;
    h=s;
    for(int i=0;i<3;i++)
    {
        p=(struct node*)malloc(sizeof(struct node));
        p->data=i+1;
        p->next=NULL;
        s->next=p;
        s=p;
    }
    p=h->next;              //指针指向第一个结点
    while(p!=NULL)
    {
        printf("%d\n",p->data);
        p=p->next;          //指针指向下一个结点
    }
    return 0;
}
```

小提示　链表是一种数据结构，对链表的插入和删除操作在此不做详细介绍，有兴趣的读者可参考"数据结构"课程的相关内容。

【练一练】

假定已建立图 9.15 所示的链表结构，且指针 p 和 q 已指向图中所示的结点。

图 9.15　链表结构

则以下选项中可将 q 所指结点从链表中删除的语句组是（　　　）。

A．p->next=q->next;　　B．p=q->next;　　C．p=q;　　D．(*p).next=(*q).next;

9.6　共用体类型

C 语言中，共用体类型同结构体类型一样，也属于构造类型，它的类型定义和变量定义与结构体的类型定义和变量定义方法相似。但是，它们的成员在内存中的存储结构不同。结构体类型的成员分别占用存储空间，而共用体类型的成员使用同一块存储空间。

9-9：共用体类型

9.6.1　共用体类型的定义

定义共用体类型的语法结构是：

```
union 共用体类型名称
{
    数据类型 成员名1;
    数据类型 成员名2;
    ...
    数据类型 成员名n;
};
```

例如：

```
union data
{
    int x;
    double y;
    char z;
};
```

上述代码定义了一个名为 data 的共用体类型，该类型由 3 个成员组成，它们共享同一块存储空间。

9.6.2　共用体变量的定义

共用体变量定义和结构体变量的定义类似，可以采用 3 种方式。本节中仅就"先定义共用体类型，再定义共用体变量"方式进行说明。

例如：

```
union data
{
    int x;
    double y;
    char z;
};
union data d1;
```

上述代码定义了一个共用体变量 d1。该变量的 3 个成员分别需要占用内存 4 字节、8 字节、1 字节，编译器为共用体变量 d1 分配空间是按照其成员中字节数最大的数目分配，即为变量 d1 分配了 8 字节的存储空间。

【例 9.11】利用 sizeof 运算符计算一个共用体类型的数据在内存占用的实际字节数。

程序代码：

```
#include <stdio.h>
union data
{
    int x;
```

```
    double y;
    char z;
};
int main()
{
    union data d1;
    printf("%d\n",sizeof(d1));
    return 0;
}
```

9.6.3 共用体变量的初始化和引用

在定义共用体变量的同时，只能对其中一个成员进行初始化操作，这与它的内存分配方式是对应的。

例如：

```
union data
{
    int x;
    double y;
    char z;
};
union data d1={8};
```

上述语句用于对 data 类型的共用体变量 d1 进行初始化，而且只对成员 x 进行了赋值 8 的操作。

共用体变量成员引用与结构体变量成员的引用方法相同。其语法结构是：

```
共用体变量名.成员名
```

例如：

```
d1.x=8;
```

由于共用体变量的成员在内存中共用同一块存储空间，所以在某一个时刻只能存放一个成员的值。

【例 9.12】

```
#include <stdio.h>
union data
{
    int x;
    char z;
};
int main()
{
    union data d1;
    d1.x=8;
    d1.z='a';
    printf("d1.x=%d\n",d1.x);
    printf("d1.z=%c\n",d1.z);
    return 0;
}
```

程序运行结果如图 9.16 所示。

```
d1.x=97
d1.z=a
```

图9.16 程序运行结果

本例中，定义了一个 data 类型的共用体变量 d1，它包含了 int 类型的成员 x 和 char 类型的成员 z，最后引用变量 d1 的值时，只能引用其成员 z 的值，其他成员的值被覆盖，无法得到初始值。

实例分析与实现

编程实现学生成绩的汇总统计。要求实现的功能包括：

（1）从键盘录入学生成绩信息，包括学号、姓名、班级、课程成绩；

（2）计算每位学生的总成绩和平均成绩。

分析：

（1）使用模块化程序设计思想，用函数实现每一个功能模块。

（2）使用结构体数组作为函数参数。

9-10：实例分析与
实现

程序代码：

```c
#include<stdio.h>
#define N 2
struct student
{
    int sno;
    char name[20];
    char classname[20];
    double grade[3];
};
void input(struct student stu[],int len)
{
    for(int i=0;i<len;i++)          //循环输入学生信息
    {
        printf("请输入第%d个学生的信息：学号、姓名、班级、三门课程的成绩\n",i);
        scanf("%d",&stu[i].sno);
        scanf("%s",stu[i].name);
        scanf("%s",stu[i].classname);
    scanf("%lf%lf%lf",&stu[i].grade[0],&stu[i].grade[1],&stu[i].grade[2]);
    }
}

void sum(struct student stu[],int len)
{
    int sum;
    for(int i=0;i<len;i++)
    {
        sum=0;
        for(int j=0;j<3;j++)          //遍历数组求累加和
        {
            sum+=stu[i].grade[j];
        }
        printf("%s的总成绩是%d\n",stu[i].name,sum);
        printf("%s的平均成绩是%f\n",stu[i].name,sum/3.0);
    }
}
int main()
{
    struct student stu[N],*p=stu;
    printf("请录入学生成绩\n");
    input(p,N);
    sum(p,N);
    return 0;
}
```

程序运行结果如图 9.17 所示。

183

图9.17　程序运行结果

📖 知识拓展　数据库技术

数据，它不仅指狭义上的数字，还可以是具有一定意义的文字、字母、数字符号的组合、图形、图像、视频、音频等，也是客观事物的属性、数量、位置及其相互关系的抽象表示。例如，"0，1，2…""阴、雨、下降、气温"、学生的成绩记录等都是数据。在计算机科学中，数据是指所有能输入计算机并被计算机程序处理的符号的总称。

数据库技术，是计算机辅助管理数据的方法，它研究如何组织和存储数据，如何高效地获取和处理数据。数年来，数据库技术和计算机网络技术的发展相互渗透、相互促进，已成为当今计算机领域发展迅速、应用广泛的两大领域。数据库技术不仅应用于事务处理，而且进一步应用到了情报检索、人工智能、专家系统、计算机辅助设计等领域。

数据库管理系统是管理数据库的软件，简称 DBMS。用户通过 DBMS 访问数据库中的数据，数据库管理员也通过 DBMS 进行数据库的维护工作。它可使多个应用程序和用户用不同的方法在同时或不同时刻去建立、修改和询问数据库。

数据库产品支撑了现代社会的海量信息，身份证、信用卡、社保账号、社交媒体、手机号码等，都要依托数据库产品。最常见的数据库模型主要有关系型数据库和非关系型数据库两种。关系型数据库是结构化数据存储在网络和商务应用的主导技术。而 NoSQL 非关系型数据库，则用于超大规模数据的存储，这种类型的数据存储不需要固定的模式，无需多余操作就可以横向扩展。目前，主流数据库产品有如下4个。

1. Oracle

Oracle 数据库是甲骨文公司开发的一款关系数据库管理系统。它是在数据库领域一直处于领先地位的产品。它采用标准的 SQL 结构化查询语言，支持多种数据类型，支持 Windows NT、OS/2 等平台，属于大中型的数据库管理系统。主要满足银行、金融、保险等企业开发大型数据库的需求。

2. SQL Server

SQL 即结构化查询语言。SQL Server 数据库是美国 Microsoft 公司开发的一款关系型数据库系统，只能运行在 Windows 操作系统上。SQL Server 是一个可扩展的、高性能的、为分布式客户机/服务器计算而设计的数据库管理系统，实现了与 Windows NT 的有机结合，提供了基于事务的企业级信息管理系统方案。

3. MySQL

MySQL 是当前最流行的数据库管理系统之一，采用双授权政策，分为社区版和商业版。由于 MySQL

体积小、速度快、总体成本低，并且具备开放源码这一特点，在 Web 开发领域，MySQL 占据着举足轻重的地位。

4. MongoDB

MongoDB 是一个基于分布式文件存储的数据库，旨在为 Web 应用提供可扩展的高性能数据存储解决方案，是对传统关系型数据库的一个有效的补充。

目前，国产数据库软件企业在自身实力、产品、技术方面有了质的提升。蚂蚁集团自主研发的企业级分布式关系数据库 OceanBase，已经在中国建设银行等多家商业银行和保险机构上线，它融合了分布式、弹性计算与云计算的优势，具有云原生、强一致性、高度兼容 Oracle/MySQL 等特性。

📝 同步练习

一、选择题

1. 有如下定义，则下列叙述中正确的是（　　）。

```
struct  stu
{ int a, b; } student;
```

    A．stu 是结构体变量　　　　　　　　　　B．student 是结构体变量

    C．student 是结构体类型　　　　　　　　D．a 和 b 是结构体变量

2. 下面有关 typedef 语句的叙述中，正确的是（　　）。

    A．typedef 语句用于定义新类型　　　　　B．typedef 语句用于定义新变量

    C．typedef 语句用于给已定义的类型取别名　D．typedef 语句用于给已定义的变量取别名

3. 有如下定义语句，则下列叙述中错误的是（　　）。

```
typedef struct Date
{   int year;
    int month;
    int day;
} DATE;
```

    A．DATE 是用户定义的结构体变量　　　　B．struct Date 是用户定义的结构体类型

    C．DATE 是用户说明的新结构体类型名　　D．struct 是结构体类型的关键字

4. 设有一结构体类型变量定义如下：

```
struct date
{   int year;
    int month;
    int day;
};
struct worker
{   char name[20];
    char sex;
    struct date birthday;
}w1;
```

若对结构体变量 w1 的出生年份进行赋值，则下面的赋值语句正确的是（　　）。

    A．year=1976　　　　　　　　　　　　B．birthday.year=1976

    C．w1.birthday.year=1976　　　　　　　D．w1.year=1976

5. 有如下定义，则下列输入语句中正确的是（　　）。

```
struct  stu
 { int a, b; } student ;
```

    A．scanf("%d",&a);　　　　　　　　　　B．scanf("%d",&student);

    C．scanf("%d",&stu.a);　　　　　　　　D．scanf("%d",&student.a);

6. 有如下定义，则下列赋值语句中错误的是（　　　　）。

```
struct complex
{ int real,unreal;} data1={1,8},data2;
```

    A. data2=(2,6);   B. data2=data1;

    C. data2.real=data1.real;   D. data2.real=data1.unreal;

7. 有如下定义，则下列赋值语句中正确的是（　　　　）。

```
struct
{ int n; float x;} s[2],m[2]={{10,2.8},{0,0.0}};
```

    A. s[0]=m[1];   B. s=m;   C. s.n=m.n;   D. s[2].x=m[2].x;

8. 有如下定义，则能输出字母 M 的语句是（　　　　）。

```
struct person { char name[10]; int age; };
struct person class[10]={ "John",17,"Paul",19,"Mary",18,"Adam",16 };
```

    A. printf("%c\n", class[2].name[0]);   B. printf("%c\n", class[3].name[0]);

    C. printf("%c\n", class[3].name[1]);   D. printf("%c\n", class[2].name[1]);

9. 有如下定义，若有 p=&data，则对成员 a 的正确引用是（　　　　）。

```
struct sk
{
  int a;
  float b;
}data,*p;
```

    A. (*p).data.a   B. (*p).a   C. p→data.a   D. p.data.a

10. 有以下程序段：

```
struct st
{ int x;
  int *y;
} *pt;
int a[]={1,2}, b[]={3,4};
struct st c[2]={10,a,20,b};
pt=c;
```

则以下选项中表达式的值为 11 的是（　　　　）。

    A. ++pt→x   B. pt→x   C. *pt→y   D. (pt++)→x

二、填空题

1. 设有以下定义：

```
struct student
{int a;
float b;}stu;
```

则结构体类型的关键字是＿＿＿＿＿＿，用户定义的结构体类型名是＿＿＿＿＿＿，用户定义的结构体变量是＿＿＿＿＿＿。

2. 把一些属于不同类型的数据作为一个整体来处理时，常用＿＿＿＿＿＿数据类型。

3. 使用 typedef 可以定义＿＿＿＿＿＿，但是不能定义变量。

4. 设有以下定义语句：

```
struct {int a; float b; char c;}s, *p=&s;
```

则对结构体成员 a 的引用方法可以是 s.a 和＿＿＿＿＿＿。

5. 设一链表的结点定义如下：

```
struct link
{   int data;
    struct link *next;
};
```

则在 p 结点后插入 s 结点的操作是＿＿＿＿＿＿；＿＿＿＿＿＿。删除 p 后的一个结点的操作是＿＿＿＿＿＿。

三、写出程序的运行结果

1. 以下程序运行后的输出结果是＿＿＿＿＿＿＿＿。

```
#include <stdio.h>
int main()
{   struct STU
    {   char  name[9];
        char  sex;
        double  score[2];
    };
    struct STU  a={"Zhao", 'm', 85.0, 90.0}, b={"Qian", 'f', 95.0, 92.0};
    b=a;
    printf("%s,%c,%2.0f,%2.0f\n", b.name, b.sex, b.score[0], b.score[1]);
    return 0;
}
```

2. 以下程序运行后的输出结果是＿＿＿＿＿＿＿＿。

```
#include <stdio.h>
#include <string.h>
typedef  struct stu
{   char  name[10];
    char  gender;
    int  score;
}STU;
void  f(STU  c)
{   strcpy(c.name, "Qian");
    c.gender = 'f';
    c.score = 350;
}
int main()
{   STU  a={"Zhao", 'm', 290}, b;
    b=a;
    f(b);
    printf("%s,%c,%d,", a.name, a.gender, a.score);
    printf("%s,%c,%d\n", b.name, b.gender, b.score);
    return 0;
}
```

3. 以下程序运行后的输出结果是＿＿＿＿＿＿＿＿。

```
#include<stdio.h>
typedef  struct stu
{   char  name[10];
    char  gender;
    int  score;
}STU;
void  f( STU  a, STU  *b, STU  c )
{   *b = c =a;
    printf( "%s,%c,%d,", b→name, b→gender, b→score );
    printf( "%s,%c,%d,", c.name, c.gender, c.score );
}
int main()
{   STU  a={"Zhao", 'm', 290}, b={"Qian", 'f', 350}, c={"Sun", 'm', 370};
    f( a, &b, c );
    printf( "%s,%c,%d,", b.name, b.gender, b.score );
    printf( "%s,%c,%d\n", c.name, c.gender, c.score );
    return 0;
}
```

4. 以下程序运行后的输出结果是＿＿＿＿＿＿＿＿。

```
#include <stdio.h>
int main()
{ struct  cm
```

```
{ int x;
   int y;
}a[2]={4,3,2,1 };
printf("%d \n", a[0].y/a[0].x*a[1].x);
return 0;
}
```

5. 以下程序运行后的输出结果是_____。

```
#include <stdio.h>
struct ord
{int  x,y;}dt[2]={1,2,3,4};
int main()
{   struct ord  *p=dt;
    printf("%d,",++(p->x));
    printf("%d\n",++(p->y));
    return 0;
}
```

四、编程题

有 5 本图书，每本图书要登记作者姓名、书名、出版社、出版年月、价格等信息，编写程序完成以下功能。

（1）定义结构体，用于描述图书信息。

（2）定义结构体数组，读入每本书的信息并存储在数组中。

（3）输出价格在 20 元以上图书的书名。

（4）输出 2000 年以后出版图书的书名和作者名。

单元10

文件

问题引入

我们对文件的概念应该已经非常熟悉了，比如常见的Word文档、txt源文件等。文件是数据源的一种，最主要的作用是保存数据。在C语言中，文件有多种读写方式，可以一个字符一个字符地读取，也可以整行读取，还可以若干个字节地读取。文件的读写位置也非常灵活，可以从文件开头读取，也可以从中间位置读取。

请思考并回答以下两个问题。

问题1：C语言中文件主要有几类？

问题2：文件读写操作的正确流程是什么？

本单元学习任务

文件是程序设计的重要数据类型，是指存储在外部介质上的一组数据集合。在C语言中，文件被看作是字节或字符的序列，称为流式文件。文件根据数据组织形式有二进制文件和字符（文本）文件。

1. 理解文件指针的含义，掌握文件操作的基本方法和步骤。
2. 理解并学会常用文件操作函数的基本使用。
3. 能够处理和调试文件操作过程中出现的常见问题。

知识描述

///// **10.1** 文件概述

10.1.1 文件的分类

所谓"文件"，是指一组相关数据的有序集合。这个数据集有一个名称，叫作文件名。实际上在前面的各章中我们已经多次使用了文件，例如源程序文件、目标文件、可执行文件、库文件（头文件）等。

文件通常是驻留在外部介质（如磁盘等）上的，在使用时才调入内存中。从不同的角度可对文件进行不同的分类。从用户的角度，文件可分为普通文件和设备文件两种。

10-1：文件的分类

普通文件是指驻留在磁盘或其他外部介质上的一个有序数据集，可以是源文件、目标文件、可执行程序；也可以是一组待输入处理的原始数据，或者是一组输出的结果。源文件、目标文件、可执行程序可以称作程序文件，输入/输出数据可称作数据文件。

设备文件是指与主机相连的各种外部设备，如显示器、打印机、键盘等。在操作系统中，外部设备也被看作是一个文件来进行管理，它们的输入/输出类似于磁盘文件的读和写。

通常把显示器指定为标准输出文件。一般情况下在屏幕上显示有关信息就是向标准输出文件输出。如前面经常使用的 printf、putchar 函数就是这类输出。

键盘通常被指定为标准输入文件。从键盘上输入就意味着从标准输入文件上输入数据。scanf、getchar函数就属于这类输入。

从文件编码的方式来看，文件可分为 ASCII 码文件和二进制码文件两种。ASCII 码文件也称为文本文件，这种文件在磁盘中存放时每个字符对应一个字节，用于存放对应的 ASCII 码。

例如，数 5678 的存储形式为：

ASCII 码:　　　　00110101　　　00110110　　　00110111　　　00111000

十进制码:　　　　　5　　　　　　6　　　　　　7　　　　　　8

它共占用 4 个字节。

ASCII 码文件可在屏幕上按字符显示，例如源程序文件就是 ASCII 码文件，用 DOS 命令 TYPE 可显示文件的内容。由于是按字符显示，因此用户能读懂文件的内容。

二进制码文件是按二进制的编码方式来存放文件的。

例如，数 5678 的存储形式为：

　　　00010110　　00101110

它只占用 2 个字节。二进制码文件虽然也可在屏幕上显示，但其内容我们无法读懂。C 语言系统在处理这些文件时并不区分类型，都看成是字符流，按字节进行处理。

输入/输出字符流的开始和结束只由程序控制而不受物理符号（如回车符）的控制。因此这种文件也被称作"流式文件"。

本单元主要讨论流式文件的打开、关闭、读、写、定位等各种操作。

10.1.2　文件指针

10-2：文件指针

在 C 语言中若用一个指针变量指向一个文件，这个指针就称为文件指针。通过文件指针就可对它所指的文件进行各种操作。

定义说明文件指针的一般形式为：

```
FILE *指针变量标识符;
```

其中 FILE 应为大写，它实际上是由系统定义的一个结构，该结构中含有文件名、文件状态和文件当前位置等信息。在编写源程序时不必关心 FILE 结构的细节。

例如：

```
FILE *fp;
```

该语句表示 fp 是指向 FILE 结构的指针变量，通过 fp 即可找到存放某个文件信息的结构变量，然后按结构变量提供的信息找到该文件，实施对文件的操作。习惯上也笼统地把 fp 称为指向一个文件的指针。

10-3：文件的打开和关闭

10.2　文件的打开和关闭

文件在进行读写操作之前要先打开，使用完毕要关闭。所谓打开文件，实际上是建立文件的各种有关信息，并使文件指针指向该文件，以便进行其他操作。关闭文件则是断开指针与文件之间的联系，也就是禁止再对该文件进行操作。

在 C 语言中，文件操作都是由库函数来完成的。

1. 文件的打开（fopen 函数）

fopen 函数用来打开一个文件，其调用的一般形式为：

```
文件指针名=fopen(文件名,使用文件方式);
```

其中：

"文件指针名"必须是被说明为 FILE 类型的指针变量。

"文件名"是被打开文件的文件名，是字符串常量或字符串数组。

"使用文件方式"是指文件的类型和操作要求。

例如：

```
FILE *fp;
 fp=("file_a","r");
```

其意义是在当前目录下打开文件 file_a，只允许进行"读"操作，并使 fp 指向该文件。

又如：

```
FILE *fphzk
 fphzk=("c:\\hzk16","rb")
```

其意义是打开 C 驱动器磁盘的根目录下的文件 hzk16。这是一个二进制文件，只允许按二进制方式进行读操作。两个反斜杠"\\"中的第 1 个表示转义字符，第 2 个表示根目录。

使用文件的方式共有 12 种，表 10.1 给出了文件的使用方式及意义。

表 10.1　文件的使用方式及意义

文件使用方式	意义
"rt"	只读打开一个文本文件，只允许读数据
"wt"	只写打开或建立一个文本文件，只允许写数据
"at"	追加打开一个文本文件，并在文件末尾写数据
"rb"	只读打开一个二进制文件，只允许读数据
"wb"	只写打开或建立一个二进制文件，只允许写数据
"ab"	追加打开一个二进制文件，并在文件末尾写数据
"rt+"	读写打开一个文本文件，允许读和写
"wt+"	读写打开或建立一个文本文件，允许读和写
"at+"	读写打开一个文本文件，允许读，或在文件末追加数据
"rb+"	读写打开一个二进制文件，允许读和写
"wb+"	读写打开或建立一个二进制文件，允许读和写
"ab+"	读写打开一个二进制文件，允许读，或在文件末追加数据

对于文件使用方式有以下几点说明。

（1）文件使用方式由 r、w、a、t、b、+共 6 个字符组合成，各字符的含义如下。

```
r(read)         读
w(write)        写
a(append)       追加
t(text)         文本文件，可省略不写
b(banary)       二进制文件
+               读和写
```

（2）凡用"r"打开一个文件时，该文件必须已经存在，且只能从该文件读出。

（3）用"w"打开的文件只能向该文件写入。若打开的文件不存在，则以指定的文件名建立该文件；

文件操作方式

若打开的文件已经存在，则将该文件删去，再建一个新文件。

（4）若要向一个已存在的文件追加新的信息，只能用"a"方式打开文件。但此时该文件必须是存在的，否则将会出错。

（5）在打开一个文件时，如果出错，fopen 将返回一个空指针值 NULL。在程序中可以用这一信息来判别是否完成打开文件的工作，并做相应的处理。因此常用以下程序段打开文件：

```
if((fp=fopen("c:\\hzk16","rb"))))==NULL)
{
    printf(" error on open c:\\hzk16 file!");
    getch();
    exit(1);
}
```

这段程序的意义是，如果返回的指针为空，表示不能打开 C 盘根目录下的 hzk16 文件，则给出提示信息"error on open c:\ hzk16 file!"。下一行 getch()的功能是从键盘输入一个字符，但不在屏幕上显示。在这里，该行的作用是等待，只有当用户从键盘敲任一键时，程序才继续执行，因此用户可利用这个等待时间阅读出错提示。敲键后执行 exit(1)退出程序。

（6）把一个文本文件读入内存时，要将 ASCII 码转换成二进制码，而把文件以文本方式写入磁盘时，也要把二进制码转换成 ASCII 码，因此对文本文件的读写要花费较多的转换时间。对二进制文件的读写不存在这种转换。

（7）标准输入文件 stdin（键盘）、标准输出文件 stdout（显示器）、标准出错文件 stderr（出错信息）是由系统打开的，可直接使用。

2. 文件关闭函数（fclose 函数）

文件一旦使用完毕，应该用关闭文件函数 fclose 把文件关闭，以避免文件的数据丢失等错误。

fclose 函数调用的一般形式是：

```
fclose(文件指针);
```

例如：

```
fclose(fp);
```

正常完成关闭文件操作时，fclose 函数返回值为 0。如返回非零值则表示有错误发生。

10.3 文件的读写

10.3.1 字符读写函数

文件的读写

10-4：读字符函数

1. 读字符函数 fgetc

fgetc 函数的功能是从指定的文件中读一个字符，函数调用的形式为：

```
字符变量=fgetc(文件指针);
```

例如：

```
ch=fgetc(fp);
```

其意义是从打开的文件 fp 中读取一个字符并送入 ch 中。

对于 fgetc 函数的使用有以下几点说明。

（1）在 fgetc 函数调用中，读取的文件必须是以读或读写方式打开的。

（2）读取字符的结果也可以不向字符变量赋值，例如：fgetc(fp)。这样读出的字符不能保存。

（3）在文件内部有一个位置指针。它用来指向文件的当前读写字节。在文件打开时，该指针总是指向文件的第一个字节。使用 fgetc 函数后，该位置指针将向后移动一个字节。因此可连续多次使用 fgetc 函数，读取多个字符。应注意文件指针和文件内部的位置指针不是一回事。文件指针是指向整个文件的，须在程序中定义说明，只要不重新赋值，文件指针的值是不变的；文件内部的位置指针用以指示文件内部的当前读写位置，每读写一次，该指针均向后移动，它无须在程序中定义说明，而是由系统自动设置的。

【例 10.1】读入文件 d:\\cproj\\myfile.txt，在计算机屏幕上输出。

```
#include<stdio.h>
int main()
{
    FILE *fp;
    char ch;
    if((fp=fopen("d:\\cproj\\myfile.txt","rt"))==NULL)
    {
        printf("Cannot open file strike any key exit!");
        getch();
        exit(1);
    }
    ch=fgetc(fp);
    while (ch!=EOF)
    {
        putchar(ch);
        ch=fgetc(fp);
    }
    fclose(fp);
    return 0;
    }
```

程序运行结果如图 10.1 所示。

图 10.1　程序运行结果

程序的功能是从文件中逐个读取字符，在计算机屏幕上显示。程序定义了文件指针 fp，以读文本文件方式打开文件"myfile.txt"，并使 fp 指向该文件。如打开文件出错，给出提示并退出程序。程序第 12 行先读出一个字符，然后进入循环，只要读出的字符不是文件结束标志（每个文件末有一结束标志 EOF）就把该字符显示在屏幕上，再读出下一字符。每读一次，文件内部的位置指针向后移动一个字符。文件结束时，该指针指向 EOF。执行本程序将显示整个文件内容。

2. 写字符函数 fputc

fputc 函数的功能是把一个字符写入指定的文件中，函数调用的形式为：

```
fputc(字符量,文件指针);
```

其中，待写入的字符量可以是字符常量或变量。例如：

```
fputc('a',fp);
```

其意义是把字符 a 写入 fp 所指向的文件中。

10-5: 写字符函数

对于 fputc 函数的使用也要说明几点。

（1）被写入的文件可以用写、读写、追加方式打开，用写或读写方式打开一个已存在的文件时将清除原有的文件内容。写入字符从文件首开始。如需保留原有文件内容，希望写入的字符从文件末开始存放，必须以追加方式打开文件。被写入的文件若不存在，则创建该文件。

（2）每写入一个字符，文件内部位置指针向后移动一个字节。

（3）fputc 函数有一个返回值，如写入成功则返回写入的字符，否则返回一个 EOF。可用此来判断写入是否成功。

【例 10.2】从键盘输入一行字符，写入一个文件，再把该文件内容读出，显示在屏幕上。

```
#include<stdio.h>
int main()
{
    FILE *fp;
```

```
    char ch;
    if((fp=fopen("d:\\cproj\\myfile.txt","wt+"))==NULL)
    {
        printf("Cannot open file strike any key exit!");
        getch();
        exit(1);
    }
    printf("input a string:\n");
    ch=getchar();
    while (ch!='\n')
    {
        fputc(ch,fp);
        ch=getchar();
    }
    rewind(fp);
    ch=fgetc(fp);
    while(ch!=EOF)
    {
        putchar(ch);
        ch=fgetc(fp);
    }
    printf("\n");
    fclose(fp);
    return 0;
```

程序运行结果如图 10.2 所示。

图 10.2　程序运行结果

　　程序中第 6 行以读写文本文件方式打开文件 d:\\cproj\\myfile.txt。程序第 13 行从键盘读入一个字符后进入循环，当读入字符不为回车符时，则把该字符写入文件之中，然后继续从键盘读入下一字符。每输入一个字符，文件内部位置指针向后移动一个字节。写入完毕，该指针已指向文件末。如要把文件从头读出，须把指针移向文件头。程序第 19 行 rewind 函数用于把 fp 所指文件的内部位置指针移到文件头。第 20 至 25 行用于读出文件中的一行内容。

　　【例 10.3】把命令行参数中的前一个文件名标识的文件，复制到后一个文件名标识的文件中。如命令行中只有一个文件名，则把该文件写到标准输出文件（显示器）中。

```
#include<stdio.h>
int main(int argc,char *argv[])
{
    FILE *fp1,*fp2;
    char ch;
    if(argc==1)
    {
        printf("have not enter filename strike any key exit");
        getch();
        exit(0);
    }
    if((fp1=fopen(argv[1],"rt"))==NULL)
    {
        printf("Cannot open %s\n",argv[1]);
        getch();
        exit(1);
    }
    if(argc==2) fp2=stdout;
```

```
        else if((fp2=fopen(argv[2],"wt+"))==NULL)
        {
            printf("Cannot open %s\n",argv[1]);
            getch();
            exit(1);
        }
        while((ch=fgetc(fp1))!=EOF)
        fputc(ch,fp2);
        fclose(fp1);
        fclose(fp2);
        return 0;
}
```

程序运行结果如图 10.3 所示。

```
Microsoft Windows [版本 10.0.10586]
(c) 2015 Microsoft Corporation。保留所有权利。

C:\Users\changzhh>d:

D:\>cd cproj

D:\cproj>test myfile.txt yourfile.txt

D:\cproj>test myfile.txt
qingdao technical college.
D:\cproj>
```

图 10.3　程序运行结果

程序为带参的 main 函数。程序中定义了两个文件指针 fp1 和 fp2，分别指向命令行参数中给出的文件。如命令行参数中没有给出文件名，则输出提示信息。程序第 18 行表示如果只给出一个文件名，则使 fp2 指向标准输出文件（即显示器）。程序第 25 行至 28 行用循环语句逐个读出文件 1 中的字符再送到文件 2 中。首次运行时，给出了两个文件名，因此把 myfile.txt 中的内容读出，写入 yourfile.txt 之中。再次运行时，只给出了一个文件名，故输出给标准输出文件 stdout，即在显示器上显示文件内容。

10.3.2　字符串读写函数

1. 读字符串函数 fgets
函数的功能是从指定的文件中读一个字符串到字符数组中。函数调用的形式为：
```
fgets(字符数组名,n,文件指针);
```
其中的 n 是一个正整数。表示从文件中读出的字符串不超过 $n-1$ 个字符。在读入的最后一个字符后加上字符串结束标志'\0'。

例如：
```
fgets(str,n,fp);
```
意义是从 fp 所指的文件中读出 $n-1$ 个字符送入字符数组 str 中。

10-6: 字符串读函数

【例 10.4】从 myfile.txt 文件中读入一个含 10 个字符的字符串。
```
#include<stdio.h>
int main()
{
    FILE *fp;
    char str[11];
    if((fp=fopen("d:\\cproj\\myfile.txt","rt"))==NULL)
    {
        printf(" Cannot open file strike any key exit!");
        getch();
        exit(1);
    }
    fgets(str,11,fp);
```

195

```
      printf("%s",str);
      fclose(fp);
      return 0;
}
```

程序运行结果如图 10.4 所示。

```
C Programm
```

图 10.4 程序运行结果

本例定义了一个字符数组 str，共 11 个字节。在以读文本文件方式打开文件 myfile.txt 后，从中读出 10 个字符送入 str 数组，在数组最后一个单元内将加上'\0'，然后在屏幕上显示输出 str 数组。

> **小提示** 对 fgets 函数有以下两点说明。
> （1）在读出 $n-1$ 个字符之前，如遇到了换行符或 EOF，则读出结束。
> （2）fgets 函数也有返回值，其返回值是字符数组的首地址。

2. 写字符串函数 fputs

fputs 函数的功能是向指定的文件写入一个字符串，其调用形式为：

```
fputs(字符串,文件指针);
```

其中字符串可以是字符串常量，也可以是字符数组名，或指针变量。例如：

```
fputs("abcd",fp);
```

10-7: 字符串写函数

其意义是把字符串"abcd"写入 fp 所指的文件之中。

【例 10.5】在例 10.2 中建立的文件 myfile.txt 中追加一个字符串。

```
#include<stdio.h>
int main()
{
    FILE *fp;
    char ch,st[20];
    if((fp=fopen("d:\\cproj\\myfile.txt","at+"))==NULL)
    {
        printf("Cannot open file strike any key exit!");
        getch();
        exit(1);
    }
    printf("input a string: ");
    scanf("%s",st);
    fputs(st,fp);
    rewind(fp);
    ch=fgetc(fp);
    while(ch!=EOF)
    {
        putchar(ch);
        ch=fgetc(fp);
    }
    printf(" ");
    fclose(fp);
    return 0;
}
```

程序运行结果如图 10.5 所示。

```
input a string: 中国青岛
中国青岛
```

图 10.5 程序运行结果

本例要求在 myfile.txt 文件末加写字符串。因此，在程序第 6 行以追加读写文本文件的方式打开文件 myfile.txt。然后输入字符串，并用 fputs 函数把该串写入文件 myfile.txt。在程序 15 行用 rewind 函数把文件内部位置指针移到文件首。再进入循环，逐个显示当前文件中的全部内容。

10.3.3 数据块读写函数

C 语言还提供了用于读写整块数据的函数，可用来读写一组数据，如一个数组元素、一个结构变量的值等。

读数据块函数调用的一般形式为：

```
fread(buffer,size,count,fp);
```

写数据块函数调用的一般形式为：

```
fwrite(buffer,size,count,fp);
```

10-8：数据块读写函数

其中：buffer 是一个指针，在 fread 函数中，它表示存放输入数据的首地址。在 fwrite 函数中，它表示存放输出数据的首地址。size 表示数据块的字节数。count 表示要读写的数据块块数。fp 表示文件指针。

例如：

```
fread(fa,4,5,fp);
```

其意义是从 fp 所指的文件中，每次读 4 个字节（一个实数）送入实数组 fa 中，连续读 5 次，即读 5 个实数到 fa 中。

【例 10.6】从键盘输入两个学生的数据，写入一个文件中，再读出这两个学生的数据显示在屏幕上。

10-9：例 10.6

```
#include<stdio.h>
struct stu
{
   char name[10];
   int num;
   int age;
   char addr[15];
}boya[2],boyb[2],*pp,*qq;
int main()
{
   FILE *fp;
   char ch;
   int i;
   pp=boya;
   qq=boyb;
   if((fp=fopen("d:\\cproj\\myfile.txt","wb+"))==NULL)
   {
       printf("Cannot open file strike any key exit!");
       getch();
       exit(1);
   }
printf("input data:\n");
    for(i=0;i<2;i++,pp++)
       scanf("%s%d%d%s",pp->name,&pp->num,&pp->age,pp->addr);
   pp=boya;
   fwrite(pp,sizeof(struct stu),2,fp);
   rewind(fp);
   fread(qq,sizeof(struct stu),2,fp);
   printf("name\tnumber\tage\t addr\n ");
  for(i=0;i<2;i++,qq++)
       printf("%s\t%d\t%d\t%s\n",qq->name,qq->num,qq->age,qq->addr);
   fclose(fp);
   return 0;
```

```
}
```

程序运行结果如图 10.6 所示。

```
input data:
张三 201601C01 17 山东青岛
李四 201601C02 18 山东淄博
name    number  age     addr
张三     201601001    17          山东青岛
李四     201601002    18          山东淄博
```

图 10.6　程序运行结果

本例程序定义了一个结构体 *stu*，说明了两个结构数组 boya 和 boyb 以及两个结构指针变量 pp 和 qq。pp 指向 boya，qq 指向 boyb。程序第 16 行以读写方式打开二进制文件"myfile.txt"，输入两个学生数据之后，写入该文件中，然后把文件内部位置指针移到文件首，读出两个学生的数据后，在屏幕上显示。

10.3.4　格式化读写函数

fscanf 函数、fprintf 函数与前面使用的 scanf 和 printf 函数的功能相似，都是格式化读写函数。两者的区别在于 fscanf 函数和 fprintf 函数的读写对象不是键盘和显示器，而是磁盘文件。

10-10：格式化读写
函数

这两个函数的调用格式为：

```
fscanf(文件指针,格式字符串,输入表列);
fprintf(文件指针,格式字符串,输出表列);
```

例如：

```
fscanf(fp,"%d%s",&i,s);
fprintf(fp,"%d%c",j,ch);
```

用 fscanf 和 fprintf 函数也可以完成例 10.6 的要求。修改后的程序如例 10.7 所示。

【例 10.7】用 fscanf 和 fprintf 函数完成例 10.6 的问题。

```
#include<stdio.h>
struct stu
{
  char name[10];
  int num;
  int age;
  char addr[15];
}boya[2],boyb[2],*pp,*qq;
int main()
{
  FILE *fp;
  char ch;
  int i;
  pp=boya;
  qq=boyb;
  if((fp=fopen("d:\\cproj\\myfile.txt","wb+"))==NULL)
  {
    printf("Cannot open file strike any key exit!");
    getch();
    exit(1);
  }
printf(" input data: \n");
for(i=0;i<2;i++,pp++)
    scanf("%s%d%d%s",pp->name,&pp->num,&pp->age,pp->addr);
pp=boya;
for(i=0;i<2;i++,pp++)
    fprintf(fp,"%s %d %d %s ",pp->name,pp->num,pp->age,pp->addr);
rewind(fp);
for(i=0;i<2;i++,qq++)
    fscanf(fp,"%s %d %d %s ",qq->name,&qq->num,&qq->age,qq->addr);
```

```
    printf(" name\tnumber\tage\taddr\n");
    qq=boyb;
    for(i=0;i<2;i++,qq++)
        printf("%s\t%d\t%d\t%s\n",qq->name,qq->num,qq->age,qq->addr);
    fclose(fp);
    return 0;
}
```

程序运行结果如图 10.7 所示。

```
input data:
张三 201602001 18 山东烟台
李四 201602002 19 河北保定
name    number   age    addr
张三     201602001   18        山东烟台
李四     201602002   19        河北保定
```

图 10.7 程序运行结果

与例 10.6 相比，本程序中 fscanf 和 fprintf 函数每次只能读写一个结构数组元素，因此采用了循环语句来读写全部数组元素。还要注意由于循环改变了指针变量 pp、qq 的值，因此在程序的 25 行和 32 行分别对它们重新赋予了数组的首地址。

10.4 文件的定位

前面介绍的对文件的读写方式都是顺序读写，即读写文件只能从头开始，顺序读写各个数据。但在实际问题中常要求只读写文件中某一指定的部分。为了解决这个问题，可移动文件内部的位置指针到需要读写的位置，再进行读写，这种读写称为随机读写。实现随机读写的关键是要按要求移动位置指针，这称为文件的定位。移动文件内部位置指针的函数主要有两个，即 rewind 函数和 fseek 函数。

10-11：文件的定位

rewind 函数前面已多次使用过，其调用形式为：

```
rewind(文件指针);
```

它的功能是把文件内部的位置指针移到文件首。

下面主要介绍 fseek 函数。fseek 函数用来移动文件内部位置指针，其调用形式为：

```
fseek(文件指针,位移量,起始点);
```

其中："文件指针"指向被移动的文件。"位移量"表示移动的字节数，要求位移量是 long 型数据，以便在文件长度大于 64KB 时不会出错。当用常量表示位移量时，要求加后缀"L"。"起始点"表示从何处开始计算位移量。规定的起始点有 3 种：文件首、当前位置和文件尾，其表示方法如下。

起始点	表示符号	数字表示
文件首	SEEK—SET	0
当前位置	SEEK—CUR	1
文件末尾	SEEK—END	2

例如：

```
fseek(fp,100L,0);
```

其意义是把位置指针移到离文件首 100 个字节处。还要说明的是 fseek 函数一般用于二进制文件。

在文本文件中由于要进行转换，故往往计算的位置会出现错误。文件的随机读写在移动位置指针之后，即可用前面介绍的任意一种读写函数进行读写。由于一般是读写一个数据块，因此常用 fread 和 fwrite 函数。下面用例题来说明文件的随机读写。

【例 10.8】在学生文件 myfile 中读出第 2 个学生的数据。

```
#include<stdio.h>
```

```
struct stu{
    char name[10];
    int num;
    int age;
    char addr[15];
}boy,*qq;
int main()
{
    FILE *fp;
    char ch;
    int i=1;
    qq=&boy;
    if((fp=fopen("d:\\cproj\\myfile.txt","rb"))==NULL)
    {
        printf("Cannot open file strike any key exit!");
        getch();
        exit(1);
    }
    rewind(fp);
    fseek(fp,i*sizeof(struct stu),0);
    fread(qq,sizeof(struct stu),1,fp);
    printf(" name\tnumber\tage\taddr\n");
    printf("%s\t%d\t%d\t%s\n",qq->name,qq->num,qq->age,qq->addr);
    return 0;
}
```

程序运行结果如图 10.8 所示。

name	number	age	addr
李四	2016C2002	17	山东淄博

图 10.8　程序运行结果

文件 myfile.txt 已由例 10.6 的程序建立，本程序用随机读出的方法读出第 2 个学生的数据。程序中定义 boy 为 stu 类型变量，qq 为指向 boy 的指针。以读二进制文件方式打开文件，程序第 21 行移动文件位置指针。其中的 i 值为 1，表示从文件首开始，移动一个 stu 类型的长度，然后再读出的数据即为第 2 个学生的数据。

实例分析与实现

1. 编写一个程序实现如下功能：有 3 个学生，每个学生有 3 门课的成绩，从键盘输入以上数据（包括学生号、姓名、三门课成绩），计算出平均成绩，将原有数据和计算出的平均分数存放在磁盘文件"stud"中。

10-12：实例分析与实现（1）

分析：

（1）用结构体定义学生成绩数据：学号、姓名、数学、英语、C 语言、平均成绩。

（2）定义 3 个元素的数组，用于存放 3 个学生的成绩。

（3）用循环语句分别输入每个学生的成绩，并计算平均成绩。

（4）用写数据块函数 fwrite()，把存放学生成绩信息的数组写入文件"stud"中。

程序代码如下：

```
#include<stdio.h>
int main()
{
    FILE *fp;
```

```
        int i;
        char f_name[30];
        struct student
        {
            int no;
            char name[30];
            float math;
            float eng;
            float c;
            float ave;
        }a[3];
        for(i=0;i<3;i++)
        {
            printf("请输入第%d个人的信息",i+1);
            printf("学生号:");
            scanf("%d",&a[i].no);
            printf("\n");
            printf("姓名:");
            scanf("%s",a[i] .name);
            printf("\n");
            printf("数学成绩:");
            scanf("%f",&a[i].math);
            printf("\n");
            printf("英语成绩:");
            scanf("%f",&a[i].eng);
            printf("\n");
            printf("C语言成绩:");
            scanf("%f",&a[i].c);
            a[i].ave=(a[i].math+a[i].eng+a[i].c)/3.0;
        }
        printf("请输入文件的名字:");
        scanf("%s",f_name);
        fp=fopen(f name,"wb");
        fwrite(a,sizeof(struct student),3,fp);
        fclose(fp);
        return 0;
}
```

小提示　生成的二进制文件应该是乱码，文件名应是"盘符+路径+文件名"。

【练一练】尝试修改以上程序，读出输入文件的内容。

2. 文件加密程序的实现：编写一个简单的文件加密程序，把加密后的文件存在另一个文件中。

分析：

（1）建立两个文件：源文件 sourcefile.txt，目标文件 targetfile.txt，在源文件中输入要加密的信息。

（2）打开"源文件"和"目标文件"。

（3）从源文件逐个读出字符，与'g'进行按位异或运算，再写入目标文件。

10-13：实例分析
与实现（2）

程序代码如下：

```
#include <stdio.h>
#include "stdlib.h"
int main()
{
    FILE *in,*out;
```

```
    char ch,infile[15],outfile[15];
    printf("请输入源文件名: \n");
    scanf("%s",infile);
    printf("请输入加密文件名: \n");
    scanf("%s",outfile);
    if(in=fopen(infile,"rb")==NULL)
    {
        printf("源文件不能打开! \n");
        exit(0);
    }
    if((out=fopen(outfile,"wb"))==NULL)
    {
        printf("加密文件不能打开! \n");
        exit(0);
    }
    while(!feof(in))
    {
        ch=fgetc(in);
        ch=ch^'g';
        fputc(ch,out);
    }
    fclose(in);
    fclose(out);
    return 0;
}
```

📎 知识拓展　云计算与大数据

随着新一代信息技术的发展，云计算、大数据、人工智能等已被广泛应用。从技术上讲，它们是相对独立的；从应用上讲，他们又是紧密联系的。云计算是通过互联网为全球用户提供计算力、存储服务的技术，它为互联网信息处理提供了硬件基础；而大数据技术是从浩瀚的互联网信息海洋中获得有价值的信息，并进行信息归纳、检索、整合的技术，它为互联网信息处理提供了软件基础。

云计算不是一种全新的网络技术，而是一种全新的网络应用概念。云计算的核心概念就是以互联网为中心，在网站上提供快速且安全的云计算服务与数据存储服务，让每一个使用互联网的人都可以使用网络上的庞大计算资源与数据中心存储空间。

云计算是继互联网、计算机后，信息时代的又一种革新，它具有很强的扩展性和需要性，可以为用户提供一种全新的体验。云计算的核心是将很多的计算机资源协调运用，让用户通过网络可以获取到更多的资源，且不受时间和空间的限制。

大数据（big data）是指无法在一定时间范围内用常规软件工具进行捕捉、管理和处理的数据集合，是需要新的处理模式才能辅助决策、洞察机遇和优化流程的海量、高增长率和多样化的信息资产。大数据具有 5V 特点（IBM 提出）：Volume（大量）、Velocity（高速）、Variety（多样）、Value（低价值密度）和 Veracity（真实性）。

大数据到底有多大？一组名为"互联网上一天"的数据告诉我们，一天之中，互联网产生的全部内容可以刻满 1.68 亿张 DVD；发出的邮件有 2 940 亿封之多（相当于美国两年的纸质信件数量）；发出的社区帖子达 200 万个（相当于《时代》杂志 770 年的文字量）；卖出的手机为 37.8 万台，高于全球每天出生的婴儿数量（37.1 万）。

大数据技术的战略意义不在于掌握庞大的数据信息，而在于对这些含有意义的数据进行专业化处理。换言之，如果把大数据比作一种产业，那么这种产业实现盈利的关键，在于提高对数据的"加工能力"，通过"加工"实现数据的"增值"。

从技术上看，大数据与云计算的关系就像一枚硬币的正反面一样密不可分。大数据必然无法用单台的计算机进行处理，必须采用分布式架构。它的特色在于对海量数据进行分布式数据挖掘，但它必须依托云计算的分布式处理、分布式数据库和云存储，以及虚拟化技术实现。

同步练习

一、选择题

1. C 语言中，系统的标准输入文件是指（　　）。
　　A. 键盘　　　　　　B. 显示器　　　　　　C. 软盘　　　　　　D. 硬盘

2. C 语言中，文件组成的基本单位为（　　）。
　　A. 记录　　　　　　B. 数据行　　　　　　C. 数据块　　　　　　D. 字符序列

3. 下列关于 C 语言数据文件的叙述，正确的是（　　）。
　　A. 文件由 ASCII 码字符序列组成，C 语言只能读写文本文件
　　B. 文件由二进制数据序列组成，C 语言只能读写二进制文件
　　C. 文件由记录序列组成，可按数据的存放形式分为二进制文件和文本文件
　　D. 文件由数据流形式组成，可按数据的存放形式分为二进制文件和文本文件

4. C 语言中，能识别处理的文件为（　　）。
　　A. 文本文件和数据块文件　　　　　　B. 文本文件和二进制文件
　　C. 流文件和文本文件　　　　　　　　D. 数据文件和二进制文件

5. 若调用 fputc 函数输出字符成功，则其返回值是（　　）。
　　A. EOF　　　　　　B. 1　　　　　　C. 0　　　　　　D. 输出的字符

6. 已知函数的调用形式：fread(buf,size,count,fp)，则参数 buf 的含义是（　　）。
　　A. 一个整型变量，代表要读入的数据项总数　　B. 一个文件指针，指向要读的文件
　　C. 一个指针，指向要读入数据的存放地址　　　D. 一个存储区，存放要读的数据项

7. 当顺利执行了文件关闭操作时，fclose 函数的返回值是（　　）。
　　A. -1　　　　　　B. TRUE　　　　　　C. 0　　　　　　D. 1

8. 如果需要打开一个已经存在的非空文件"Demo"进行修改，则下列语句正确的是（　　）。
　　A. fp=fopen("Demo","r");　　　　　　B. fp=fopen("Demo","ab+");
　　C. fp=fopen("Demo","w+");　　　　　　D. fp=fopen("Demo","r+");

9. 若要打开 A 盘上 user 子目录下名为 abc.txt 的文本文件进行读、写操作，下面符合此要求的函数调用是（　　）。
　　A. fopen("A:\user\abc.txt","r")　　　　　B. fopen("A:\\user\\abc.txt","rt+")
　　C. fopen("A:\user\abc.txt","rb")　　　　　D. fopen("A:\user\abc.txt","w")

10. fwrite 函数的一般调用形式是（　　）。
　　A. fwrite(buffer,count,size,fp);　　　　　B. fwrite(fp,size,count,buffer);
　　C. fwrite(fp,count,size,buffer);　　　　　D. fwrite(buffer,size,count,fp);

11. 若 fp 是指向某文件的指针，且已读到文件末尾，则函数 feof(fp)的返回值是（　　）。
　　A. EOF　　　　　　B. -1　　　　　　C. 1　　　　　　D. NULL

12. fscanf 函数的正确调用形式是（　　）。
　　A. fscanf(fp,格式字符串,输出表列);　　　　B. fscanf(格式字符串,输出表列,fp);
　　C. fscanf(格式字符串,文件指针,输出表列);　　D. fscanf(文件指针,格式字符串,输入表列);

13. 函数 fseek(pf, OL,SEEK_END)中的 SEEK_END 代表的起始点是（　　）。
　　A. 文件开始　　　　B. 文件末尾　　　　C. 文件当前位置　　　　D. 以上都不对

14. fseek 函数的正确调用形式是（　　　）。

    A. fseek(文件指针,起始点,位移量)   B. fseek(文件指针,位移量,起始点)

    C. fseek(位移量,起始点,文件指针)   D. fseek(起始点,位移量,文件指针)

二、编程题

1. 从键盘输入一个字符串，将小写字母全部转换成大写字母，然后输出到一个磁盘文件"test"中保存。输入的字符串以！结束。

2. 有两个磁盘文件 A 和 B，各存放一行字母。要求把这两个文件中的信息合并（按字母顺序排列），输出到一个新文件 C 中。

3. 编写一个通讯录，要求字段包括：姓名、性别、年龄、E-mail、QQ、联系电话和家庭住址。通过键盘输入数据，并把数据存放在一个文件中，可通过查找显示某人的通信信息。

单元11
综合项目实训

11

问题引入

我们在本书的单元1～10中对C语言的基本知识进行了详细讲解。学习完前10个单元的内容，大家对C语言程序设计应该有了一个整体的掌握，但大家是否还是有"只见树木不见森林"的感觉呢？如何开发一个C语言项目呢？

本单元带领读者用C语言编写几个小项目，加深读者对C语言的理解，并让读者了解项目开发的流程，能够使用C语言进行项目开发。

本单元学习任务

本单元进行项目实训，学习内容有以下几点。
1. 了解项目的需求分析。
2. 掌握C语言模块化设计开发方法。
3. 掌握项目的调试方法。
4. 了解项目开发的心得体会。

11.1 猜拳游戏

本项目我们要编写一个供两个玩家对战的"猜拳游戏"，即传统的"石头剪刀布"。不过这里的两个玩家是计算机和人，即人机对战的模式。是不是很期待计算机的表现呢？

11.1.1 项目需求分析

本游戏的规则是：计算机随机出一种手势，玩家也出一种手势，判断胜负，先赢满 3 局者胜，最后显示玩家的战况，如图 11.1 所示。

11-1：猜拳游戏需求
分析

图 11.1 "猜拳游戏"运行结果图

具体流程如图 11.2 所示。

图 11.2 "猜拳游戏"设计流程图

11.1.2 项目详细设计

11-2：猜拳游戏项目
详细设计

项目详细设计的主要任务是设计每个模块的实现算法及所需的局部数据结构。详细设计的目标有两个：实现模块功能的算法要逻辑上正确且算法描述要简明易懂。

1. 用随机数确定计算机所出的手势

数字 0、1、2 分别对应"石头""剪刀""布"，如图 11.3 所示。为了避免计算机作弊，要先确定计算机的手势再读取玩家的手势。

玩家输入一个数字表示手势，如图 11.4 所示，同时保持玩家与计算机手势的一致。

图 11.3 手势和数值

图 11.4 玩家输入

2. 如何根据计算机和玩家的手势判断胜负

在程序设计中，用变量 human 和 comp 来分别代表玩家和计算机的手势。图 11.5 所示为手势和胜负的关系。顺时针，在 0，1，2，0，1，2……的循环中，箭头的起点方向是"胜"，终点方向是"负"。如：0（石头）对 1（剪刀），出 0 者胜，出 1 者负。

（1）平局。

如果 human 和 comp 的值相等就算"平局"，此时 human-comp 的值为 0，如表 11.1 所示。

图 11.5 判断胜负

表 11.1 双方平局

human	comp	human-comp	(human-comp+3)%3
0	0	0	0
1	1	0	0
2	2	0	0

（2）玩家负。

如果图 11.5 中箭头的终点方向是玩家，起点方向是计算机，这种组合就算"玩家负"，此时 human-comp 的值为-2 或 1，如表 11.2 所示。

表 11.2 玩家负

human	comp	human-comp	(human-comp+3)%3
0	2	-2	1
1	0	1	1
2	1	1	1

（3）玩家胜。

如果图 11.5 中箭头的起点方向是玩家，终点方向是计算机，这种组合就算"玩家胜"，此时 human-comp 的值为-1 或 2，如表 11.3 所示。

表 11.3 玩家胜

human	comp	human-comp	(human-comp+3)%3
0	1	-1	2
1	2	-1	2
2	0	2	2

表 11.1～表 11.3 汇总了表示双方手势的 human 和 comp 的数值、human 减去 comp 后的值，以及判断表达式(human-comp+3)%3 的值。这 3 个判断都可以根据共同的表达式(human-comp+3)%3 来进行。该表达式的数值如果是 0 就是平局，如果是 1 就是玩家负，如果是 2 就是玩家胜。

3. rand 函数：生成随机数

头文件：#include<stdlib.h>

格式：int rand(void)

功能：计算 0～RAND_MAX 的伪随机整数序列

返回值：返回生成的伪随机整数

11-3：如何生成真正的随机数

这个函数生成的是 int 型的整数。在所有的编程环境中最小数值为 0，但最大数值取决于编程环境，所以我们用<stdlib.h>头文件将其定义成一个名为 RAND_MAX 的对象宏。其定义如下：

```
#define RAND_MAX 32767   //库文件已定义，可直接使用
```

下面我们来尝试生成并显示随机数。

【例 11.1】编写程序生成 5 个随机数（伪随机数）。

```
#include<stdio.h>
#include<stdlib.h>
int main(){
    int n=5;
    printf("在这个编译环境中生成 5 个 0-%d 的随机数。\n",RAND_MAX);
    do{
        printf("第%d 个随机数：%d\n",6-n,rand());
        n--;
```

```
    }while(n>0);
    return 0;
}
```

程序的运行结果如图 11.6 所示。

图 11.6　程序运行结果

我们多运行几次会发现，该程序总会生成相同的随机数。这很令人费解，rand 函数生成的值真的是随机数吗？其实生成的是伪随机数。这显然不符合项目要求。

4. srand 函数：设置用于生成随机数的种子

rand 函数是对一个叫作"种子"的基准值加以运算来生成随机数的。之所以例 11.1 每次运行程序都生成同一个随机数序列，是因为 rand 函数的默认种子是常量 1。要生成不同的随机数序列，就必须改变种子的值。负责完成这项任务的就是 srand 函数。

头文件：#include<stdlib.h>

格式：int srand(unsigned seed)

功能：给后续调用的 rand 函数设置一个种子（seed），用于生成新的伪随机数序列

返回值：无

假如我们调用了 srand(30)，这样一来，之后调用的 rand 函数就会利用新设定的种子值 30 来生成随机数。那么问题来了，一旦决定了种子的值，随后生成的随机数序列也就确定了，因此如果想要每次运行程序时都能生成不同的随机数序列，就必须把种子值本身从常量变成随机数。

我们一般使用的方法是把运行程序的时间当作种子，即 srand(time(NULL))。

【例 11.2】为例 11.1 加入时间种子，生成真正的随机数。

```
#include<stdio.h>
#include<stdlib.h>
#include<time.h>
int main(){
    int n=5;
    printf("在这个编译环境中生成 5 个 0-%d 的随机数。\n",RAND MAX);
    srand(time(NULL));
    do{
        printf("第%d 个随机数：%d\n",6-n,rand());
        n--;
    }while(n>0);
    return 0;
}
```

程序的运行结果如图 11.7 所示。

图 11.7　程序运行结果

5. 随机设定目标数字

rand 函数生成的值的范围是 0～RAND_MAX，但我们需要的随机数不会每次都恰好在这个范围内。如果我们需要某个特定范围的随机数，则应做如下操作。

- 0～10 的随机数：rand()%11
- 1～100 的随机数：1+rand()%100
- 100～999 的随机数：100+rand()%900

【例 11.3】猜数游戏：计算机随机出 0～100 之间的一个整数由玩家来猜，玩家猜中游戏结束。

```c
#include<stdio.h>
#include<stdlib.h>
#include<time.h>
int main(){
    int n=0,x,ans;
    int flag=1;
    printf("请猜一个 0-100 的整数。\n");
    srand(time(NULL));
    ans=rand()%101;
    do{
        printf("是多少呢? ");
        scanf("%x",&x);
        n++;
        if(x>ans)
            printf("\a 这个数大了。\n");
        if(x<ans)
            printf("\a 这个数小了。\n");
        if(x==ans)  {
            flag=0;
            printf("\a 恭喜你猜中了，总共猜了%d 次。\n",n);
    }while(flag);
    return 0;
}
```

程序的运行结果如图 11.8 所示。

图 11.8 程序运行结果

11.1.3 项目程序实现

根据上一节项目详细设计的描述，先设计编写单局判断猜拳游戏胜负的程序，再编写多局猜拳游戏的程序，从而实现项目的要求。

【例 11.4】每次判断胜负的猜拳游戏实现。

```c
#include<stdio.h>
#include<stdlib.h>
#include<time.h>
```

11-4：猜拳游戏项目
程序实现

209

```
int main(){
    int human;
    int comp;
    int judge;
    int retry;
    srand(time(NULL));
    printf("猜拳游戏开始!! \n");
    do{
        comp=rand()%3;      //计算机随机产生一个0~2的整数，0-石头，1-剪刀，2-布
        printf("\a\n 石头剪刀布...0-石头，1-剪刀，2-布: ");
        scanf("%d",&human);
        printf("我出");
        switch(comp){
            case 0:puts("石头");break;
            case 1:puts("剪刀");break;
            case 2:puts("布");break;
        }
        printf("\n");
        judge=(human-comp+3)%3;          //判断胜负
        switch(judge){
            case 0:puts("平局。");break;
            case 1:puts("你输了。");break;
            case 2:puts("你赢了。");break;
        }
        printf("再来一次吗? 0-否，1-是");
        scanf("%d",&retry);
    }while(retry==1);
    return 0;
}
```

程序的运行结果如图 11.9 所示。

【例 11.5】猜拳游戏：计算机随机出一种手势，玩家也出一种手势，判断胜负，先赢满 3 局者胜，最后显示玩家的战况。

```
#include<stdio.h>
#include<time.h>
#include<stdlib.h>
int human;
int comp;
int win_no;
int lose_no;
int draw_no;
char *hd[]={"石头","剪刀","布"};
/*---初始处理---*/
void initialize(void){
    win_no=0;
    lose_no=0;
    draw_no=0;
    srand(time(NULL));
    printf("猜拳游戏开始!! \n");
}
/*---运行猜拳游戏（读取/生成手势）---*/
void jyanken(void){
    int i;
    comp=rand()%3;
    do{
        printf("\n\a 石头剪刀布...");
        for(i=0;i<3;i++)
            printf("(%d)%s",i,hd[i]);
        printf(":");
```

图 11.9 程序运行结果

```
        scanf("%d",&human);
    }while(human<0||human>2);
}
/*---更新胜利/失败/平局次数---*/
void count_no(int result){
    switch(result){
        case 0:draw_no++;break;
        case 1:lose_no++;break;
        case 2:win_no++;break;
    }
}
/*---更显示判断结果---*/
void disp_result(int result){
    switch(result){
        case 0:puts("平局。");break;
        case 1:puts("你输了。");break;
        case 2:puts("你赢了。");break;
    }
}
//主程序
int main(){
    int judge;
    initialize();
    do{
        jyanken();
        printf("我出%s，你出%s。\n",hd[comp],hd[human]);
        judge=(human-comp+3)%3;
        count_no(judge);
        disp_result(judge);
    }while(win_no<3&&lose_no<3);
    printf(win_no==3?"\n口你赢了。\n":"\n■我赢了。\n");
    printf("%d胜%d负%d平\n",win_no,lose_no,draw_no);
    return 0;
}
```

程序的运行结果如图 11.1 所示。

11.2 数字珠玑妙算

"数字珠玑妙算"（又称"猜数字"）是一个猜不重复的数字串的游戏。游戏的规则是：出题者选出一个数字串作为题目，答题者推测数字串的内容。出题者根据答题者的推测值给予提示，答题者修正推测值。循环进行这种对话，直到答题者猜对为止。如：

出题者：452（3 个数字不能重复，答题者不知道）

答题者：123

出题者：有 1 个数字正确，但位置不正确（包含 1、2、3 中的一个数）

答题者：456

出题者：有 2 个数字和位置都正确（可能是 45?、?56、4?6，?只能是 1、2、3）

答题者：416

出题者：有 1 个数字和位置都正确（中间是 5，不含 1，只可能是 452、256、356）

答题者：256

出题者：有 1 个数字正确，但位置不正确；有 1 个数字和位置都正确（2 是最后一位，只能是 452）

答题者：452

出题者：正确

11.2.1　项目需求分析

本游戏的出题者是计算机，答题者是玩家。出题者从数字 0～9 中选出 4 个数字，并将这 4 个数字排列成数字串作为题目，4 个数字不能重复。图 11.10 所示为答案是"6217"的题目的玩家推测流程。

11-5：数字珠玑项目需求分析

图 11.10　"珠玑妙算"的玩家推测流程

答题者（玩家）推测数字串，然后出题者（计算机）提示玩家该数字串中包含多少个答案数字，其中又有多少个数字位置是正确的。玩家推测的结果中，数字和位置都与正确答案一致的就是 hit，数字猜对了但位置不一致的就是 blow。

出题者给出的提示就是"hit 和 blow 的总数"与"hit 数"。重复这样的对话，直到答题者猜对（所有的数字都是 hit）为止。设计流程图如图 11.11 所示。

图 11.11　设计流程图

11.2.2 项目详细设计

1. 计算机如何产生一个数字串

【例 11.6】随机生成由 4 个不同数字组成的数字串。

```
#include<stdio.h>
#include<stdlib.h>
#include<time.h>
int main(){
    int x[4];
    int i,j;
    srand(time(NULL));
    for(i=0;i<4;i++){
        do{
            x[i]=rand()%10;
            for(j=0;j<i;j++)
                if(x[i]==x[j]) break;
        }while(j<i);
    }
    for(i=0;i<4;i++)
        printf("%d",x[i]);
    return 0;
}
```

11-6：数字珠玑项目
详细设计（1）

2. 对答题者给出的数字串进行有效性检查

由于答题者输入的 4 个数字，第 1 个数字也可能是 "0"，如 0457，因此不能用整型数值的方式输入。我们采用字符串的方式输入，如 "0457" "9712"。

为了保证输入的数字字符串符合答题要求，我们要对输入的数字字符串进行有效性检查，包括以下几点。

（1）是否为 4 个字符？

（2）是否为非数字的字符？

（3）是否含有重复的数字？

11-7：数字珠玑项目
详细设计（2）

【例 11.7】编写一个函数，检查输入 4 个数字字符串的有效性。返回值：0——正确，1——字符串长度不为 4，2——包含非数字字符，3——数字重复。

```
int check(char s[]){
    int i,j;
    if(strlen(s)!=4) return 1;
    for(i=0;i<4;i++){
        if(s[i]<'0'||s[i]>'9')
            return 2;
        for(j=0;j<i;j++)
            if(s[j]==s[i])
                return 3;
    }
    return 0;
}
```

3. hit 和 blow 的判断

如果玩家输入的数字字符串有效，程序就会把玩家输入的值和正确答案（应该猜中的数字串）进行比较。hit 的值表示位置和数字都一致的个数；blow 的值表示数字一致、位置不一致的个数。如正确答案是 "4815"，玩家输入 "8619"，比较结果 hit=1，blow=1。显然只有 hit=4 才算玩家猜对。

【例 11.8】编写一个函数，判断比较正确答案和玩家输入的数字字符串，返回 hit 和 blow 的值。

```
void judge(char s[],int no[],int *hit,int *blow){
    int i,j;
    *hit=*blow=0;
```

```
    for(i=0;i<4;i++){
        for(j=0;j<4;j++)
            if(s[i]=='0'+no[j])   //0～9数字整型转换成字符型
                if(i==j)
                    (*hit)++;
                else
                    (*blow)++;
    }
}
```

由于函数要返回两个整数值，我们不能使用 return 语句，要使用指针，通过地址传递的方式来实现。由于正确答案 *no* 数组是整型，如 no[]={4,8,1,5}，玩家输入的 *s* 数组是字符型，如 s[]={'8','6','1','9'}，要比较这两个数组的值，必须进行类型转换。

11.2.3　项目程序实现

根据上一小节项目详细设计的描述，分别编写用于生成不同的 4 个数字组合并存入数组 *X*、检查已输入的字符串 *s* 的有效性、hit 和 blow 的判断、显示判断结果的 4 个函数，从而实现项目的要求。

【例 11.9】珠玑妙算的程序。

11-8：数字珠玑项目
　　程序实现

```
#include<stdio.h>
#include<stdlib.h>
#include<ctype.h>
#include<string.h>
#include<time.h>
/*---生成不同的 4 个数字组合并存入数组 x---*/
void make4digits(int x[]){
    int i,j,val;
    for(i=0;i<4;i++){
        do{
            val=rand()%10;
            for(j=0;j<i;j++)
                if(val==x[j])
                    break;
        }while(j<i);
        x[i]=val;
    }
}
/*---检查已输入的字符串 s 的有效性---*/
int check(char s[]){
    int i,j;
    if(strlen(s)!=4)
        return 1;       //长度不为 4,返回 1
    for(i=0;i<4;i++){
        if(!isdigit(s[i]))
            return 2;
        for(j=0;j<i;j++)
            if(s[i]==s[j])
                return 3;

    }
    return 0;
}
/*---hit 和 blow 的判断---*/
void judge(char s[],int no[],int *hit,int *blow){
    int i,j;
    *hit=*blow=0;
    for(i=0;i<4;i++){
```

```
            for(j=0;j<4;j++){
                if(s[i]=='0'+no[j])
                    if(i==j) (*hit)++;
                    else (*blow)++;
            }
        }
}
/*---显示判断结果---*/
void print_result(int snum,int spos){
    if(spos==4)
        printf("回答正确! ");
    else if(snum==0)
        printf("这些数字里没有答案数字。");
    else{
        printf("这些数字里包括%d 个答案数字。",snum);
        if(spos==0)
            printf("但是数字的位置都不一致。\n");
        else
            printf("其中有%d 个数字的位置是一致的。\n",spos);
    }
    putchar('\n');
}


int main(){
    int try_no=0;
    int chk;
    int hit,blow,no[4];
    char buff[10];
    clock_t start,end;
    srand(time(NULL));
    puts("■来玩珠玑妙算吧。");
    puts("■请猜 4 个数字。")     ;
    puts("■其中不包含相同的数字。");
    puts("■请像 4307 这样连续输入数字。");
    puts("■不能输入空格字符。\n")   ;
    make4digits(no);
    start=clock();
    do{
        do{
            printf("请输入: ");
            scanf("%s",buff);
            chk=check(buff);
            switch(chk){
                case 1:puts("\a 请确保输入 4 个数字。");break;
                case 2:puts("\a 请不要输入数字以外的字符。");break;
                case 3:puts("\a 请不要输入相同的数字。");break;
            }
        }while(chk!=0);
        try_no++;
        judge(buff,no,&hit,&blow);
        print_result(hit+blow,hit);
    }while(hit<4);
    end=clock();
    printf("用了%d 次。\n 用时%.1f 秒。\n",try_no,(double)(end-start)/CLOCKS_PER_SEC);
    return 0;
}
```

程序的运行结果如图 11.10 所示。

11.3　模拟七段数码管动态显示日期和时间

数码管是一种半导体发光器件，可分为七段数码管和八段数码管，区别在于八段数码管比七段数码管多一个用于显示小数点的发光二极管单元 DP（decimal point），其基本单元是发光二极管。现在我们用字符代替发光二极管模拟一个能够动态显示日期和时间的七段数码管。通过本例大家可以了解七段数码管的开发原理。

11.3.1　项目需求分析

11-9：模拟七段
数码管项目需求分析

用字符代替发光二极管，以七段数码管的方式调用系统日期和时间，动态显示在屏幕上，如图 11.12 所示。

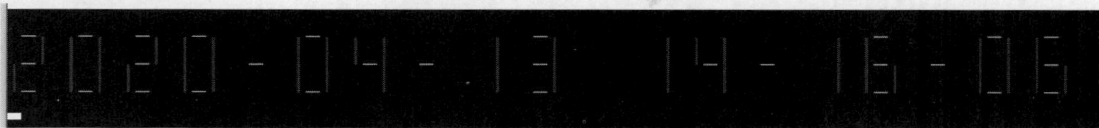

图 11.12　七段式数码管动态显示日期和时间

11.3.2　项目详细设计

1. 获取系统的日期和时间

在实际开发中，对日期和时间的获取需求非常多。例如，获得程序启动和退出的时间、程序执行任务的时间、数据生成的时间、数据处理各环节的时间等。

在学习时间之前，请把操作系统的时区设置为北京时间。

（1）time_t 别名。

在 C 语言中，用 time_t 来表示时间数据类型。它是一个 long（长整数）类型的别名，在 time.h 文件中定义，表示一个日历时间，是从 1970 年 1 月 1 日 0 时 0 分 0 秒到现在的秒数。

```
typedef long time_t;
```

可以看出 time_t 其实是一个长整型。

（2）time 库函数。

time 函数的用途是返回一个值，也就是从 1970 年 1 月 1 日 0 时 0 分 0 秒到现在的秒数。

time 函数是 C 语言标准库中的函数，在 time.h 文件中声明。

```
time_t time(time_t *t);
```

time 函数有两种调用方法：

```
time_t tnow;
tnow =time(0); //将空地址传递给 time 函数，并将 time 返回值赋给变量 tnow
```

或

```
time(&tnow); //将变量 tnow 的地址作为参数传递给 time 函数
```

（3）tm 结构体。

time_t 只是一个长整型，不符合我们的使用习惯，需要转换成可以方便地表示时间的结构体，即 tm 结构体。tm 结构体在 time.h 中声明，如下所示：

```
struct tm{
    int tm_sec;      /* 秒 - 取值区间为[0,59] */
    int tm_min;      /* 分 - 取值区间为[0,59] */
    int tm_hour;     /* 时 - 取值区间为[0,23] */
    int tm_mday;     /* 一个月中的日期 - 取值区间为[1,31] */
    int tm_mon;      /* 月份（从一月开始，0 代表一月） - 取值区间为[0,11] */
```

```
    int tm_year;      /* 年份，其值从 1900 开始 */
    int tm_wday;}     /* 星期 – 取值区间为[0,6]，其中 0 代表星期天，1 代表星期一，以此类推 */
```

（4）localtime 库函数。

localtime 函数用于把 time_t 表示的时间转换为 struct tm 表示的时间。函数返回 struct tm 的地址。

函数声明：

```
struct tm *localtime(const time_t *);
```

struct tm 包含了时间的各要素，但还不是我们习惯的时间表示方式，我们可以用格式化输出 printf、sprintf 或 fprintf 等函数，把 struct tm 转换为我们想要的结果。

【例 11.10】编写显示系统当前日期和时间的程序。

```c
#include <stdio.h>
#include <stdlib.h>
#include <time.h>
#include <windows.h>
//定义日期和时间结构体
typedef struct {
    int year;
    int month;
    int day;
    int hour;
    int minute;
    int second;
    int week;
}myDate;
//判断是否是闰年
int leap(int year) {
    if (year%4 == 0 && year%100 !=0 || year%400 == 0){
        return 1;
    }
    return 0;
}

int main() {
    int days[13] = {0, 31, 28, 31, 30, 31, 30, 31, 31, 30, 31, 30, 31};
    char * weekday[] = {"星期日", "星期一", "星期二", "星期三", "星期四", "星期五", "星期六"};
    time_t t = time(NULL);
    struct tm *cur = localtime(&t);
    myDate Date = {cur->tm_year+1900, cur->tm_mon + 1, cur->tm_mday, cur->tm_hour,
cur->tm_min, cur->tm_sec, cur->tm_wday};
    printf("\n%4d 年%02d 月%02d 日[%s]%02d 时%02d 分%02d 秒\r", Date.year, Date.month,
Date.day, weekday[Date.week], Date.hour, Date.minute, Date.second);
    while(1) {
        Sleep(1000);
        days[2] = (leap(Date.year) ? 28:29);
        Date.second++;
        if ( Date.second == 60)  {
            Date.second = 0;
            Date.minute++;
        }
        if (Date.minute == 60){
            Date.minute = 0;
            Date.hour++;
        }
        if (Date.hour == 24) {
            Date.hour = 0;
            Date.week = (++Date.week)%7;
            Date.day++;
        }
        if (Date.day == (days[Date.month] + 1)) {
```

```
                            Date.day = 1;
                            Date.month++;
                    }
                    if (Date.month == 13) {
                            Date.month = 1;
                            Date.year++;
                    }
                    printf("%4d年%02d月%02d日[%s]%02d时%02d分%02d秒\r", Date.year,
Date.month, Date.day, weekday[Date.week], Date.hour, Date.minute, Date.second);
            }
            return 0;
    }
```

程序的运行结果如图 11.13 所示。

2. 模拟七段数码管显示 0～9

要模拟七段数码管显示数字，首先要了解七段数码管。简单来说七段数码管是把每个数字分为 7 段，每段显示或者不显示构成了 0～9 数字。如数字"8"的显示如图 11.14 所示。

图 11.13　程序运行结果

图 11.14　数字"8"七段数码管显示示意图

定义整型数组 segments[11][7] 表示 0～9 的每一段，给每个字段标记，"1"为显示，"0"为不显示。记录每个数字的每段显示与否，每次输入一个数字就进行配对，把配对结果输出到屏幕。最后一个表示显示"-"，即显示连接符。

```
const int segments[11][7] = {
    {1, 1, 1, 1, 1, 1, 0}, /* 0 */
    {0, 1, 1, 0, 0, 0, 0}, /* 1 */
    {1, 1, 0, 1, 1, 0, 1}, /* 2 */
    {1, 1, 1, 1, 0, 0, 1}, /* 3 */
    {0, 1, 1, 0, 0, 1, 1}, /* 4 */
    {1, 0, 1, 1, 0, 1, 1}, /* 5 */
    {1, 0, 1, 1, 1, 1, 1}, /* 6 */
    {1, 1, 1, 0, 0, 0, 0}, /* 7 */
    {1, 1, 1, 1, 1, 1, 1}, /* 8 */
    {1, 1, 1, 1, 0, 1, 1}, /* 9 */
    {0, 0, 0, 0, 0, 0, 1}  /* - */
};
```

对于每一个数字可用字符数组实现展示，数字分为 3 行 3 列，第 1 行为'_',第 2 行从左到右为'|', '_', '|',第 3 行从左到右为'|', '_', '|'。这样输出模型就做好了。

11-10：模拟七段
数码管设计的实现

11.3.3　项目程序实现

【例 11.11】模拟七段数码管动态显示日期和时间。

```
#include <stdio.h>
```

```c
#include <stdlib.h>
#include <time.h>
#include <windows.h>
#define MAX_DIGHTS 20

int leap(int year);
void clear_dight_array(void);
void process_dights_array(int dight, int position);
void print_dights_array(void);
const int segments[11][7] = {
    {1, 1, 1, 1, 1, 1, 0}, /* 0 */
    {0, 1, 1, 0, 0, 0, 0}, /* 1 */
    {1, 1, 0, 1, 1, 0, 1}, /* 2 */
    {1, 1, 1, 1, 0, 0, 1}, /* 3 */
    {0, 1, 1, 0, 0, 1, 1}, /* 4 */
    {1, 0, 1, 1, 0, 1, 1}, /* 5 */
    {1, 0, 1, 1, 1, 1, 1}, /* 6 */
    {1, 1, 1, 0, 0, 0, 0}, /* 7 */
    {1, 1, 1, 1, 1, 1, 1}, /* 8 */
    {1, 1, 1, 1, 0, 1, 1}, /* 9 */
    {0, 0, 0, 0, 0, 0, 1}  /* - */
};
char dights[3][MAX_DIGHTS * 4];
typedef struct
{
    int year;
    int month;
    int day;
    int hour;
    int minute;
    int second;
    int week;
}myDate;

int main()
{
    int days[13] = {0, 31, 28, 31, 30, 31, 30, 31, 31, 30, 31, 30, 31};
    time_t t = time(NULL);
    struct tm *cur = localtime(&t);
    myDate Date = {cur->tm_year+1900, cur->tm_mon + 1, cur->tm_mday, cur->tm_hour,
cur->tm_min, cur->tm_sec, cur->tm_wday};
    while(1)
    {
        days[2] = (leap(Date.year) ? 28:29);
        Date.second++;
        if ( Date.second == 60) {
            Date.second = 0;
            Date.minute++;
        }
        if (Date.minute == 60) {
            Date.minute = 0;
            Date.hour++;
        }
        if (Date.hour == 24) {
            Date.hour = 0;
            Date.day++;
        }
        if (Date.day == (days[Date.month] + 1)) {
            Date.day = 1;
            Date.month++;
```

```
                    }
                if (Date.month == 13) {
                    Date.month = 1;
                    Date.year++;
                }
        clear_dight_array();
        //显示日期: 年-月-日
        process_dights_array(Date.year/1000, 0);
        process_dights_array(Date.year/100%10, 1);
        process_dights_array(Date.year/10%10, 2);
        process_dights_array(Date.year%10, 3);
        process_dights_array(10, 4);
        process_dights_array(Date.month/10, 5);
        process_dights_array(Date.month%10, 6);
        process_dights_array(10, 7);
        process_dights_array(Date.day/10, 8);
        process_dights_array(Date.day%10, 9);
        //显示时间: 时-分-秒
        process_dights_array(Date.hour/10, 11);
        process_dights_array(Date.hour%10, 12);
        process_dights_array(10, 13);
        process_dights_array(Date.minute/10, 14);
        process_dights_array(Date.minute%10, 15);
        process_dights_array(10, 16);
        process_dights_array(Date.second/10, 17);
        process_dights_array(Date.second%10, 18);
        print_dights_array();
        Sleep(1000);          //延时1秒
        system("cls");        //清屏
        }
        return 0;
}

int leap(int year)    //判断是否是闰年
{
    if (year%4 == 0 && year%100 !=0 || year%400 == 0)
    {
        return 1;
    }
    return 0;
}
void clear_dight_array(void) {
    memset(dights, ' ', sizeof dights);    //内存初始化
}
/*显示一个数字及位置*/
void process_dights_array(int dight, int position) {
    int n = position * 4;
    if (segments[dight][0])
        dights[0][n + 1] = ' ';
    if (segments[dight][1])
        dights[1][n + 2] = '|';
    if (segments[dight][2])
        dights[2][n + 2] = '|';
    if (segments[dight][3])
        dights[2][n + 1] = ' ';
    if (segments[dight][4])
        dights[2][n]     = '|';
    if (segments[dight][5])
        dights[1][n]     = '|';
    if (segments[dight][6])
```

```
        dights[1][n + 1] = '_';
}
void print dights array(void) {
    int i, j;
    for (i = 0; i < 3; i++) {
        for (j = 0; j < MAX DIGHTS * 4; j++) {
            putchar(dights[i][j]);
        }
        putchar('\n');
    }
}
```

程序的运行结果如图 11.12 所示。

附录A
常用字符与标准ASCII编码表

ASCII 值	字符	ASCII 值	字符	ASCII 值	字符	ASCII 值	字符
0	NUL（空）	32	SP（空格）	64	@	96	、
1	SOH	33	!	65	A	97	a
2	STX	34	"	66	B	98	b
3	ETX	35	#	67	C	99	c
4	EOT	36	$	68	D	100	d
5	ENQ	37	%	69	E	101	e
6	ACK	38	&	70	F	102	f
7	BEL	39	'	71	G	103	g
8	BS	40	(	72	H	104	h
9	HT	41	)	73	I	105	i
10	LF	42	*	74	J	106	j
11	VT	43	+	75	K	107	k
12	FF	44	,	76	L	108	l
13	CR	45	−	77	M	109	m
14	SO	46	.	78	N	110	n
15	SI	47	/	79	O	111	o
16	DLE	48	0	80	P	112	p
17	DCI	49	1	81	Q	113	q
18	DC2	50	2	82	R	114	r
19	DC3	51	3	83	X	115	s
20	DC4	52	4	84	T	116	t
21	NAK	53	5	85	U	117	u
22	SYN	54	6	86	V	118	v
23	TB	55	7	87	W	119	w
24	CAN	56	8	88	X	120	x
25	EM	57	9	89	Y	121	y
26	SUB	58	:	90	Z	122	z
27	ESC	59	;	91	[	123	{
28	FS	60	<	92	\	124	|
29	GS	61	=	93	]	125	}
30	RS	62	>	94	^	126	~
31	US	63	?	95	—	127	DEL（删除）

附录B
运算符的优先级和结合性

优先级	运算符	名称或含义	要求运算对象的个数	结合性
1	[]	数组下标	单目运算符	自左至右
	()	圆括号		
	.	成员选择（对象）	双目运算符	
	->	成员选择（指针）		
2	–	负号运算符	单目运算符	自右向左
	~	按位取反运算符		
	++	自增运算符		
	––	自减运算符		
	*	取值运算符		
	&	取地址运算符		
	!	逻辑非运算符		
	（类型）	强制类型转换		
	sizeof	长度运算符		
3	/	除	双目运算符	自左至右
	*	乘		
	%	余数（取模）		
4	+	加	双目运算符	自左至右
	–	减		
5	<<	左移	双目运算符	自左至右
	>>	右移		
6	>	大于	双目运算符	自左至右
	>=	大于等于		
	<	小于		
	<=	小于等于		
7	==	等于	双目运算符	自左至右
	!=	不等于		
8	&	按位与	双目运算符	自左至右
9	^	按位异或	双目运算符	自左至右
10	|	按位或	双目运算符	自左至右

续表

优先级	运算符	名称或含义	要求运算对象的个数	结合性
11	&&	逻辑与	双目运算符	自左至右
12	||	逻辑或	双目运算符	自左至右
13	?:	条件运算符	三目运算符	自右至左
14	=	赋值运算符	双目运算符	自右向左
	/=	除后赋值		
	*=	乘后赋值		
	%=	取模后赋值		
	+=	加后赋值		
	-=	减后赋值		
	<<=	左移后赋值		
	>>=	右移后赋值		
	&=	按位与后赋值		
	^=	按位异或后赋值		
	|=	按位或后赋值		
15	,	逗号运算符	双目运算符	自左至右

附录C
常用标准库函数

1. 常用的数学函数（包含在 math.h 中）

函数名	函数原型	说明
abs	int abs(int i)	求整数的绝对值
acos	double acos(double x)	反余弦函数
asin	double asin(double x)	反正弦函数
atan	double atan(double x)	反正切函数
cos	double cos(double x);	余弦函数
cosh	double cosh(double x)	双曲余弦函数
exp	double exp(double x)	指数函数
fabs	double fabs(double x)	返回浮点数的绝对值
floor	double floor(double x)	向下舍入
fmod	double fmod(double x, double y)	计算 x 对 y 的模，即 x/y 的余数
labs	double labs(long n)	取长整型绝对值
log	double log(double x)	对数函数 log
log10	double log10(double x)	对数函数 ln(x)
modf	double modf(double value, double *iptr)	把数分为指数和尾数
pow	double pow(double x, double y)	指数函数（x 的 y 次方）
sin	double sin(double x)	正弦函数
sinh	double sinh(double x)	双曲正弦函数
sqrt	double sqrt(double x)	计算平方根
tan	double tan(double x)	正切函数
tanh	double tanh(double x)	双曲正切函数

2. 常用的字符函数（包含在 ctype.h 中）

函数名	函数原型	说明
isalnum	int isalnum(int ch)	判断 ch 是否是字母或数字，若是返回非 0 值，否则返回 0
isalpha	int isalpha(int ch)	判断 ch 是否是字母，若是返回非 0 值，否则返回 0
iscntrl	int iscntrl(int ch)	判断 ch 是否是控制字符（ASCII 值 0x00～0x1F），若是返回非 0 值，否则返回 0

续表

函数名	函数原型	说明
isdigit	int isdigit(int ch)	判断 ch 是否是数字，若是返回非 0 值，否则返回 0
islower	int islower(int ch)	判断 ch 是否是小写字母，若是返回非 0 值，否则返回 0
isprint	int isprint(int ch)	判断 ch 是否是可打印字符（含空格）（ASCII 值 0x20～0x7E），若是返回非 0 值，否则返回 0
ispunct	int ispunct(int ch)	判断 ch 是否是标点字符（0x00～0x1F），若是返回非 0 值，否则返回 0
isspace	int isspace(int ch)	判断 ch 是否是空格、制表符、换行符，若是返回非 0 值，否则返回 0
isupper	int isupper(int ch)	判断 ch 是否是大写字母，若是返回非 0 值，否则返回 0
tolower	int tolower(int ch)	将 ch 字符转换为小写字符
toupper	int toupper(int ch)	将 ch 字符转换为大写字符

3. 常用的字符串函数（包含在 string.h 中）

函数名	函数原型	说明
strcat	char* strcat(char *dest,const char *src)	将字符串 src 连接到 dest 末尾
strchr	char* strchr(char *s,int c)	检索并返回字符 c 在字符串 s 中第一次出现的位置
strcmp	int strcmp(char *s1, char *s2)	比较字符串 s1 与 s2 的大小
strcpy	char* strcpy(char *dest, char *src)	将字符串 src 复制到 dest
strlen	int strlen(char *s)	返回字符串 s 的长度
strlwr	char* strlwr(char *s)	将字符串 s 中的大写字母全部转换成小写字母，并返回转换后的字符串
strrev	char* strrev(char *s)	将字符串 s 中的字符全部颠倒顺序重新排列，并返回排列后的字符串
strstr	char* strstr(char *s1, char *s2)	扫描字符串 s2，并返回第一次出现在 s1 中的位置
strupr	char* strupr(char *s)	将字符串 s 中的小写字母全部转换成大写字母，并返回转换后的字符串

4. 常用的文件操作函数（包含在 stdio.h 中）

函数名	函数原型	说明
fclose	int fclose(FILE* fp)	关闭 fp 所指的文件
feof	int feof(FILE* fp)	判断文件是否结束
fgetc	int fgetc(FILE *fp)	从 fp 所指的文件处读一个字符，并返回这个字符的 ASCII 值
fgets	char* fgets(char *s,int n,FILE * fp)	从 fp 所指的文件中读 n 个字符存入 s 所指存储区
fopen	FILE*fopen(char *filename,char *type)	打开一个文件 filename，打开方式为 type，并返回这个文件指针

续表

函数名	函数原型	说明
fprintf	int fprintf(FILE*fp,char*format [,argument,…])	以格式化形式将一个字符串写给 fp 所指的文件
fputc	int fputc(char ch,FILE *fp)	将字符 ch 写入 fp 所指的文件中
fputs	int fputs(char *string,FILE *fp)	将字符串 string 写入 fp 所指的文件中
fread	int fread(void*ptr,int size,int n, FILE *fp)	在 fp 所指文件中读取长度为 size 的 n 个数据块并存入 ptr 所指内存中
fscanf	int fscanf(FILE* fp, char *format[,argument,…])	以格式化形式从 fp 所指文件中读入一个字符串
fseek	int fseek(FILE* fp,long offset,int base)	移动 fp 所指文件的位置指针
ftell	long ftell(FILE* fp)	返回 fp 所指文件当前的读写位置
fwrite	int fwrite(void *ptr,int size,int n, FILE *fp)	把 ptr 所指的 size 长度的 n 个数据写入 fp 所指文件中
getc	int getc(FILE*stream)	从流 stream 中读取一个字符，并返回这个字符
getchar	int getchar()	从标准输入设备读取一个字符，回显在屏幕上
gets	char* gets(char *s)	从标准输入设备读取一个字符串
printf	int printf(char*format[,argument,…])	把格式化字符串输出给控制台
putc	int putc(char ch,FILE*stream)	向流 stream 写入一个字符 ch
putchar	int putchar(char ch)	把字符 ch 输出到控制台
puts	int puts(char *s)	把字符串输出到控制台
scanf	int scanf(char*format[,argument…])	从控制台读入一个字符串，分别对各个参数进行赋值